戴更基寵物行為館 04

貓狗大戰
——寵物行爲四週集訓

戴更基◎著

高富國際文化有限公司
高寶國際集團

貓狗大戰——寵物行爲四週集訓

作　　者　戴更基
編　　輯　陳家玲
校　　對　溫苡廷
出 版 者　高富國際文化股份有限公司
Golden Rich International, Ltd.
地　　址　台北市內湖區新明路174巷15號10樓
網　　址　www.sitak.com.tw
E- mail　readers@sitak.com.tw（讀者服務部）
pr@sitak.com.tw（公關諮詢部）
電　　話　(02) 27911197 27918621
電　　傳　出版部 (02) 27955824 行銷部（02）27955825
郵政劃撥　19394552
戶　　名　英屬維京群島商高寶國際有限公司台灣分公司
出版日期　2004年8月
發　　行　希代書版集團發行/Printed in Taiwan

Printed in Taiwan
ISBN ：986-7799-84-4

CONTENTS

社會化的過程

Chapter 3 訓練狗狗的家庭作業

【前言】

我的同居伴侶

文字，在我的生命中，只是傳達訊息的工具，我不像中文系的學生可以咬文嚼字，我只會用文字來傳達訊息，很可惜的是，目前看到台灣的現象，很多人不注重文字背後的意義，而只會在您的文字裡挑毛病，很多人都認為我很會罵人，寫書時也不忘損人，如果您學了行為，您從動物的眼中看看這個世界，您會覺得有理卻是處處難行，沒理卻可以掌握天下，我的網站，從寥寥無幾的上站人數，

在短短的四年之間，突破會員近兩萬人，上站觀看的人次超過四十幾萬，上站人的習慣不是逛逛，而是在裡面掛著看文章，這些人就是支持我一直努力下去的原動力。

有些人拿著我的文字，畫線批評，我不懂為什麼？您可以大大方方的指正我，我會感謝您，醫學本來就是教學相長的。但是當您在意的是我的筆誤，或是音譯錯誤時，您就落入了文字的遊戲及折磨之中。換了是您，回答將近一萬個問題的過程中，真的難免有錯，包括寫這本書，我想也是會有錯別字，希望各位見諒，深入去了解文字背後我想傳達的教育意義，才不枉您看這本書。

以前，台灣的社會不會在意文字的錯誤，而是在意傳達的訊息是否正確，可是現在的媒體，每天只會追著立委、議員，甚至政黨團體跑，每天讓民眾看一些不營養的新聞，這些政治人物，言行舉止不但沒有給台灣社會一個正面的榜樣，

反而在媒體上謾罵、咬文嚼字，將為民服務的時間用來炒作自己，弄到這些政治人物比藝人還要藝人。民眾長期接觸這樣的新聞，在不知不覺中已經變了。變得越來越不會思考，變得越來越不想學習。這可以從網站上問問題的生態習慣得到證實。

媒體是始作俑者，如果從事文字工作背景出身的媒體，都沒辦自制及自律的話，民眾就只會走入文字革命的深淵，而永遠也沒辦法透過文字得到好處了。

無論您是否被媒體影響了，當您開始看我的書，請您放棄人類的思考方式，試試看當動物是什麼滋味，找個朋友幫忙，把你自己當成寵物，讓別人用您的方式餵你吃藥、玩弄你的頭、打你、用你聽不懂的方式對待你、把你關在籠子裡面、讓你憋一天的尿……用這個角度看看動物，再用這個角度看看人類，希望我的書不只是幫您教好你的狗狗貓貓，還能對您的生活想法有所啟迪。

在開始看這本書之前，我給各位一個建議，我寫的行為書籍到現在為止已經有三本了，包括《狗狗的異想世界》、《別只給我一根骨頭》、《愛咪咪的異想世界》。對於養狗的朋友們，建議您閱讀的順序為：《狗狗的異想世界》，《別只給我一根骨頭》，再來才看這本。

對於剛剛養狗的飼主，如果您狗狗的年齡目前小於四個月的話，就建議您先看這一本書，然後再看《狗狗的異想世界》，然後才是《別只給我一根骨頭》。

而養貓咪的主人，就建議您先看《愛咪咪的異想世界》，然後再看這本書，如果你是第一次接觸到我的書，就建議你先看完這本以後，一定要再看完《愛咪咪的異想世界》，因為這樣你才能真正的了解你養的狗狗貓貓，才不會帶著很多的問題和牠一起渡過一、二十年。

請把牠們當成一個個體來看待，當成一個生命來尊重，但是在生理上，請把

牠們當成動物來飼養，有時候您的好心或許只會害了牠。
接下來就讓我帶您進入動物的社會化吧！

Chapter

I 社會化

Socialization

在進入社會化的這個問題之前，
我們要先了解狗狗及貓貓的行為發展期。

狗狗的發展

時代一天天在進步，台灣人養狗的觀念也在進步，有很多人已經知道不能夠打狗，也知道要用什麼方法來和狗狗溝通，但是也有很多人在嘗試了不打狗的教育方法之後，仍然有很多的問題衍生出來，除了主人本身在訓練的技能上有問題以外，還有就是狗狗本身的問題了，我不是要說您的狗狗是隻問題狗，而只是要指出牠發生問題的根本原因在哪裡！

狗狗和人類其實是一樣的，人類在懷孕期間很注重胎教，在狗狗也應該是一樣的，但是卻顯少有人會注意狗狗懷孕時的胎教，我不是要讓您養狗養得很辛苦，而是要讓您養得很輕鬆，只要在事前做好準備，將來養起來才會順手。

根據研究鼠類的資料顯示，如果媽媽在懷孕期間一直維持著害怕的狀態，結果牠

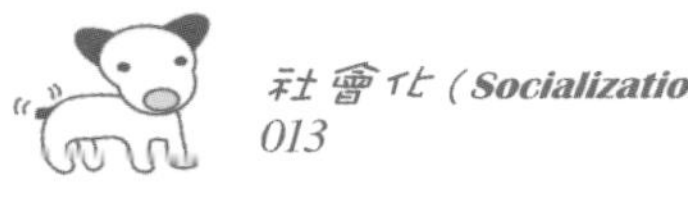

生出來的小孩，在未來的生活中會比較容易反應過度，也比較情緒化。不但如此，情緒化的媽媽生的小孩就是比較情緒化，如果在媽媽懷孕期間給牠很大的緊迫刺激，生出來的小孩在長大以後，生產時會產生障礙。

研究後發現，那是因為懷孕的媽媽腎上腺皮質被刺激活化，以及雄性素分泌後對胚胎的影響所導致的。這結果不只是在鼠類而已，其他的動物如人類、狗、貓都是一樣的。

一個很有趣的現象，如果媽媽在懷孕期的後三分之一時期受到緊迫（stress）的刺激，生出來的小孩如果是公的，長大以後牠的交配行為變得不明顯，甚至於有相當高比例的會出現雌性的行為，這和媽媽受到緊迫時，性腺的睪丸激素被抑制有關。

不但如此，研究顯示，胎兒的位置也和牠成年後的行為有關係，比如說胎兒在媽媽肚子裡，公胚胎的前後都是母胚胎，這隻公的長大以後的攻擊性比較低，而母的如

如果您要避免狗狗一些行為問題的發生，在這個時期多多的撫摸小狗狗，不但可以在牠長大以後有比較穩定的情緒，還可以讓牠有比較好的學習能力。

果是和公的在一起的話，會因為雄性素的影響而使得這隻母的長大後有較明顯的做記號（marking）行為，以及騎乘行為（mounting），甚至於受孕的成功率也降低。所以只要我們在母狗懷孕時給予一個正常安穩及祥和的環境，生出來的小狗狗就會有正常的心智發展，這是避免問題最好的方法。

在狗狗的發展中可以分為五個階段，這些都會影響牠未來的行為，所以我還是要介紹這五個階段：

◆嬰兒期：〇至十三天

狗狗出生後〇至十三天是狗狗的嬰兒期，在這段期間，牠們幾乎都是在吃奶或是在睡覺，六至十天左右，前腳就可以慢慢的支撐體重，而後腳要在十一至十五天才會開始支撐體重，牠們對於疼痛的反射是從一出生以後就有了，但是不去面對疼痛或是

逃離疼痛的這類反應，到轉換期（嬰兒期之後）的時候才發展完全。

在嬰兒期的時候，小狗狗都需要母狗舔牠的陰部或是清潔陰部的周圍來刺激牠們大小便，小狗出生以後對溫度的調節不好，所以需要全部擠在一起睡覺，一直要到牠們二十八天大的時候，才會一群一群的睡，到了四十二天以後才會自己睡。

在嬰兒期最重要的是牠面對到刺激或是人類的撫摸，對牠的生理及行為的影響，根據研究顯示，如果您要讓您的狗狗比較有自信、比較會去探索世界、在社交上占有優勢（不是社交的控制），您在牠出生後就常常溫柔的抱牠、撫摸牠，最少要到牠三十五天大，觸摸及撫摸小狗狗可以加速神經系統的成熟，也可以加速毛髮的生長，讓體重增加，甚至於提早開眼的時間，以及運動神經比較好的發展。

所以您如果要避免一些行為問題的發生，在這個時期多多的撫摸小狗狗，不但可以在牠長大以後有比較穩定的情緒，還可以讓牠有比較好的學習能力，除此以外，還

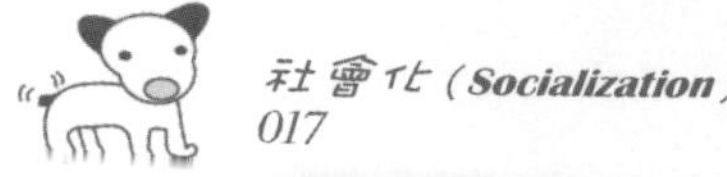

會影響牠的下視丘及腎上腺皮質系統，讓小狗狗在將來的日子比較容易克服緊迫（Stress）的刺激。

◆轉換期：十三到十九天

狗狗從十三到十九天是屬於神經及行為發展的轉換期，從這個時期開始，小狗狗慢慢的從爬行轉而變成行走的模式，成犬的行為模式也在這個時期開始呈現，同時的，情緒的表現也在這個時期呈現，在這個時期，您可以每天讓牠短時間的接觸各種刺激，這樣可以強化牠的發展，您可以讓牠在不同材質或是溫度的物體表面爬行或是行走，還可在牠們的前面放置各種不同形狀及大小的物品，這樣可以增進牠視覺的敏銳度，以及運動的靈活度。讓牠聽各種低分貝的聲音及不同頻率的聲音，這樣可以讓牠的聽覺發展得更好，除此以外，口哨音、嘎嘎響的聲音、音樂、播放環境噪音的錄

音帶、人類說話的聲音等等。這些都可以幫助牠聽覺的發展。

◆社會化期：十九到八十四天

從十九天到十二週齡（十九到八十四天）是狗狗的社會化時期，實際上是從脊椎的成熟以及髓鞘化（編註：包於髓神經軸突之外的白色膠狀物，由許多細胞膜圍繞纖維而成，可保護神經纖維軸突，有如電線絕緣體。）開始的，所有的感觀及學習在這個時期發展的比較完全、也比較完整，在這個時期因為牙齒開始發展，小狗狗開始對母奶以外的食物產生興趣，母狗也會在這個時候開始減少餵奶，也會開始將自己吃的東西反芻吐出來給小狗吃，所以這時期是給予罐頭食品或是泡軟的飼料的最佳時機，大多數的小狗在六十天的時候開始吃固體的食物，大約在八到九週的時候，也就是在六十天前後，狗狗開始避免在自己的窩裡尿尿便便，會去尋找糞尿味道比較重的地方大小便，

這也是您訓練牠們大小便最佳的時機。

狗狗在這段時期會對移動的物品產生興趣，也會開始出現一些行為上的訊號，比如說要求其他人事物和牠保持距離的訊號，或是希望有社交互動的訊號等等。母狗會在這個時期慢慢地減少和小狗的互動，而小狗就會開始增加和同伴間的互動。

社會化時期對於小狗的發展是非常非常重要的，在這個時期無論發生了什麼事，都會對這隻狗狗產生一種模式，而這種模式會對牠未來的一生產生永遠的影響，所以在這個時期，主人就必須很用心的去處理社會化的部分，讓牠多接觸牠未來十幾年會接觸的一切事物，比如說地點、人、聲音等等。但是要溫和的讓牠接觸，每種狀況在這個敏感的時期最少要出現兩到三次，但是要注意的是，在四十九天以前，無論是正面的或是負面的刺激都不可以過多。

除了這方面的發展以外，狗狗在這個時期也很容易受到心理的創傷，在八週的時

少年期的狗狗學習能力完全發展完成，真正的社會接觸開始大量增加。
比如說以前只接觸各種不同的人，這個時期就要接觸大量的人群。

候，狗狗就會對害怕的事物表現出害怕的姿勢，如果沒有適當的處理好牠害怕的問題，到了十二週齡以後，狗狗的社交能力開始下降，這個時期沒有做好社會化的狗狗，在未來對於新的人事物，就會出現害怕的情緒及反應。

◆少年期

少年期是從社會化期結束後到性成熟的這一段時期，這時候狗狗的學習能力完全發展完成，真正的社會接觸開始大量增加，學習的速度到了四個月時開始下降，所以在這個時期，要讓牠大量的接觸外界，比如說以前只接觸各種不同的人，這個時期就要接觸大量的人群。

◆成年期

狗狗的整個行為發展過程，每個環節都是習習相關的，
所以有時後您剛買回來的狗狗已經有行為上的問題，
但是您仍然可以利用每一個時期應該做的事來導正牠的問題。
千萬不要因為不懂狗而硬要養狗，那只會造就一條可憐的生命。

成年期是從青春期（Puberty）開始的，社會行為的成熟大約在牠十八個月齡左右，而完全的成熟是在牠兩年的時候。

整個行為發展的路途中，每一個環節都是習習相關的，所以有時候您剛買回來的狗狗已經有行為上的問題，但是您仍然可以利用每一個時期應該做的事來導正牠的問題，如果您剛買來的狗是沒有這些問題的話，在您飼養的這段時期，您給牠的環境、刺激，以及對待牠的方式、訓練方式、還有讓牠接觸外界的狀況，這些會造就牠日後的社會行為，所以無論您是何時飼養狗狗，只要牠還沒有進入完全成熟，就算買來時就有問題，就算沒辦法讓牠恢復道百分之一百的正常，但是牠不良或是不當的行為都還有希望可以調整，永遠沒有太晚的，最重要的是，千萬不要因為不懂狗而硬要養狗，那只會造就一條可憐的生命的。

小狗狗的年齡（天數）	事　　件
0	疼痛的反射
6-10	前腳支撐體重
11-15	後腳支撐體重
13-19	逃避疼痛
13-19	開眼
13-19	開耳
15	成犬視網膜基本特徵出現
18	可以找出聲音的位置
25	視覺聽覺的定向（方向感）
28	一小群的睡在一起
28	視網膜發展完全
28	用嘴巴含咬來探索
28	坐及站
42	自己睡
56	完整視覺及腦波
56	害怕事物的姿勢
60	吃乾糧
84	社交能力開始降低

貓咪的發展

貓咪和狗狗有著一樣的行為發展階段，只是這些階段和狗狗的比起來，時間比較短，也比較不容易定義出來。因為這個階段的時間表不只是和貓咪的基因有關，還和牠的媽媽有關，也和環境的因子，以及人類的處理，以及住的地方，以及性別有關。

從嬰兒期（Neonatal Period）開始，這個時期主要是從出生以後算起，也是完全仰賴母貓的時期，大部分的時間不是吃奶，就是睡覺。而變遷期（Transitional Period）是感覺及運動神經萌芽的時期，大約從出生後第二週開始。而社會期（Socialization Period）大約從三週齡開始，一直到大約七到九週齡。少年期（Juvenile Stage）則是接著社會期一直到大約六到十二個月為止（以性成熟為分界）。而真正的社會行為的成熟會長達兩年半到四年左右。

嬰兒期及變遷期

貓咪的嗅覺是一出生就具備的，但是要到三週齡左右才會發展完整健全。而聽覺大約從第五天開始，對於聲音的反應大約要到二週齡左右，眼睛大約在第十天左右張開，但是對於物品的移動而跟隨著移動的視覺能力，則要到第三週左右才完全，銳利的視力則要到牠三到四個月大的時候才會完整。貓咪自我的整理包括口腔的整理及爪子的整理，這些要到牠二至三週齡時逐漸形成。

貓咪出生以後並不能調節體溫，但是牠能往溫暖的地方移動，一直要到牠大約三週齡的時候才能調整體溫，體溫調節的能力完全發展健全卻要等到七週齡左右。如果您希望小貓在未來有良好的行為發展，母貓的良好行為是最基本的要求，貓咪如果從大約兩週齡就和母貓及同伴分開來的話，牠們在未來對於同類的貓咪或是人類，會表

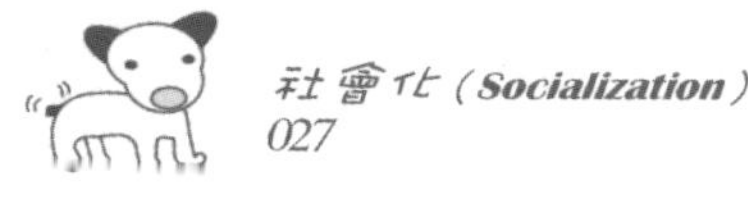

現得更為害怕，對於新奇的事物也會更敏感，如果母貓的營養不良，小貓會因此而導致腦部生長的缺陷，以及各種行為的延遲發展。

早期觸摸貓咪不但能夠改進人貓的關係，還能促進生理，以及中樞神經的發展，從出生以後的前幾個禮拜常常被人類撫摸輕拍的貓咪，開眼的時間比較早，探索世界的時間也比較早，也比較不害怕人類，所以我會建議大家養貓時，貓咪出生後每天最少要抱牠、撫摸牠五分鐘，最少要維持到牠四十五天，當然您能夠維持越久越好，這樣的貓咪對人類比較友善，比較不會害怕人類，或是攻擊人類。而且您撫摸的越多，牠對人類就會越和善。

社會期 Socialization Period

大約在四週齡的時候，聽覺、視覺、體溫調節，以及活動性的發展已經很好，所

對於想養狗又想養貓咪的人，在貓咪小時候就應接觸狗狗，
最好在牠三十五天以前就接觸，如果到了十二週齡左右才開始接觸狗狗，
牠會對狗狗產生避免接觸，或是防禦的行為。

以小貓就會開始離開牠的窩去外面探索，並且開始對周遭的環境、動物，以及人類產生社會關係。在這個時期，觀察是一件非常重要的事，因為學習主要是從牠的觀察而來的。因為貓咪的牙齒發展是從兩週齡開始的，所以到了四週左右，貓咪就能夠吃一些較硬的東西，所以這個時期就可以開始離乳，牠們開始分享母親吃的東西，特別是到了大約七週齡的時候，同樣的，對於一些獵物的選擇，牠也會和母貓的選擇類似。

　　在五到六週齡的時候，貓咪就能夠自己控制排便了，也會開始挖土，並且把挖開的土蓋在糞便上面，這也說明了良好習慣的母貓可以教出良好習慣的小貓。雖然貓咪到了大約七週齡就已經離乳，但是吸吮的行為卻會一直持續到好幾週以上。小貓咪在社會期中，大約在六週齡的時候，就會開始對較大的獵物產生防禦的反應，對於突然發出大的聲音產生害怕的反應。在這個時期，是最容易讓牠適應這些刺激的時期，所以適當並且大量的接觸這些刺激物，可以降低牠的不良反應。對於有些想養狗又想養

貓咪的人，在貓咪小時候就應接觸狗狗，最好在牠三十五天以前就接觸，如果到了十二週齡左右才開始接觸狗狗，牠會對狗狗產生避免接觸，或是防禦的行為。影響貓咪行為的因子在一開始就說明了，不只是和貓咪的基因有關，還和牠的媽媽有關，也和環境的因子，以及人類的處理，以及住的地方、還有性別有關，所以就算您讓牠大量的接觸其他的動物或是人類，也不一定能增加牠的友善度，最好的方式就是從牠很小的時候就開始撫摸牠（如果母貓是很兇狠的，您的撫摸不見得有絕對的效果）。

貓咪的個性最少被分成兩種：一是友善、自信，以及容易相處的；二是膽小、羞怯，或是神經質的。影響這些個性特質的有父親的基因、早期的社會化、母親的基因、還有觀察所學習來的。在這個最重要的時期，最重要的事就是觀察母貓或是其它同胎的貓咪的行為，透過觀察來學習，牠也會觀察別的貓咪的行為而產生學習。也因為如此，養貓的主人更應該注意貓咪的行為，因為您對待貓咪的行為模式會影響這隻

貓咪日後的行為。

遊戲及掠奪行為

貓咪約在四週齡左右開始和同胎的貓咪產生遊戲的社會接觸，一樣的，也是到了大約七週齡才完整。社交的遊戲行為包括摔角、翻滾、還有就是咬，包括咬人類的手，這點就困擾許多的飼主。而掠奪的行為會在三個月大的時候逐漸溶入社交的遊戲行為之中，對於無生命物的探索、遊戲的行為、還有對於移動物品的遊戲行為，到了七、八週齡開始增加，一直到四個半月達到極致。對於物品的遊戲行為，有的有社交意義，有的沒有意義，而只是牠個人的遊戲。

掠奪行為的發展和很多事件有關係，比如說因為社交所產生的學習、觀察而來的學習、離乳的年齡、早期的社會化、母貓的行為、觀察其他的貓咪、基因，以及和同

貓咪約在四週齡左右開始和同胎的貓咪產生遊戲的社會接觸，
一樣的，也是到了大約七週齡才完整。
社交的遊戲行為包括摔角、翻滾、還有就是咬，包括咬人類的手。

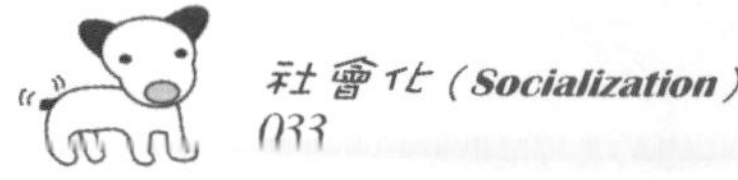

類的競爭。母貓會慢慢地帶著小貓產生掠奪行為，一開始會給牠死的獵物，然後再慢慢地導入活的獵物，如果小貓無動於衷，或是控制不了，母貓就會介入，讓小貓觀察並學習掠奪行為。

饑餓會影響掠奪行為，會增加牠殺死獵物的行為，而獵物越大，牠殺死獵物的可能性就越低。饑餓也會影響遊戲行為，增加遊戲的慾望，也會降低對較大的玩具的害怕。

少年期及成熟期

從社會期開始一直到牠性成熟，這段期間是所謂的少年期，這時候貓咪會更獨立，性成熟的時間和品種、基因，以及環境有關，通常是在五到九個月間，但是也有早到四個月的，雖然公貓在五個月就已經有成熟的精蟲，但是真正的交配行為要等到

有問題的環境會養出一堆有問題的小貓，而有問題的母貓會帶出一堆有問題的小貓，
更重要的是，有問題的主人也會養出一堆有問題的貓咪。

約一年左右。

在對於貓咪行為的發展粗略了解以後，您大概就會發現為什麼貓咪會產生一些行為問題了。最好的處理永遠是預防，不是等到牠的行為產生問題後才來處理。看看今天的台灣，貓咪對人類引起的最大問題是攻擊行為，而這多數和早期離乳，以及繁殖者的不當飼養有關。所以在了解牠的行為發展以後，建議不要在繁殖場購買貓咪，因為貓咪有很多重要的時期，這些繁殖者並沒有幫未來的飼主考慮，所以才會引起這麼多的問題，貓咪可以和狗一樣的聽話乖巧，重要的是主人懂不懂得如何飼養及教育。還有，就是您買來的貓咪是否早已有問題？有問題的環境會養出一堆有問題的小貓，而有問題的母貓會帶出一堆有問題的小貓，更重要的是，有問題的主人也會養出一堆有問題的貓咪的。

社會化（Socialization）

什麼是社會化呢？簡單的來說，就是讓狗狗貓貓進入人類的社會，而不會有不自在或是害怕的問題，相關的原理已在之前的書上說明了，也許您已經懂了，也許你還不是真的很懂，也許你已經很清楚社會化的目的及意義，但是到底要怎麼做才能做到真正的社會化呢？接下來這本書將會用一個簡單的方法，您只要跟著做，您的狗狗貓貓就能順利的完成社會化的工作。

在開始之前，我還是要簡單的把社會化拿出來一提，在您出生以後，你的爸爸媽媽會帶著您慢慢的認識周圍的環境，認識社會，上學和小朋友一起玩耍，一起讀書，回家以後以報紙及電視，可以知道外面的世界，透過這樣不知不覺的學習，你會逐漸的融入社會之中，你不會在坐公車的時候發抖，也不會在放鞭炮的時候躲到床下面

去，更不會在看到別的小朋友的時候，就立即把小朋友打傷，我猜想，你也不會怕醫生吧，或許你怕打針，但是卻不會怕醫生，你不會不敢出門吧！您也不會在出門以後好奇得衝衝撞撞，讓爸爸媽媽控制不住你，你更不可能在坐上車子以後就尿在車上吧！為什麼呢？因為您已經社會化了，在不知不覺中，您已融入社會了。

可是您養的狗狗貓貓，卻可能有很多的問題，比如說，貓咪帶不出門，或是狗狗一出門就暴衝，或是一上車就尿尿，或是一聽到打雷或是鞭炮就躲到桌椅底下，或是一出門看到別的狗狗，就衝去打架等等。這些就是社會化不足，所以我們要做的，就是讓牠們能自在的生活，不會有上述這些問題。

在台灣，有很多醫生要求飼主們在打完預防針以後才能出門，但是這樣做的結果是，狗狗全部都有社會化不足的問題。根據美國的研究顯示，您只要在打完第一劑之後，大約在狗狗六十天齡的時候，就可以出門了，而且要盡可能的多帶牠出門，讓牠

在狗狗打完第一劑預防針，大約六十天齡的時候，你就可以帶牠出去走走了，而且要盡可能的多帶牠出門，讓牠有正確的社會行為，不要等到打完預防針才出門。

有正確的社會行為，不要等到打完預防針才出門。

社會化的最佳時期是從狗狗貓貓三週齡開始。但是永遠也不嫌晚，如果你的狗狗貓貓已經喪失了最佳的社會化時期，別擔心，雖然牠已經沒有辦法如同正常的狗貓一般，但是牠還是可以透過您的努力，讓牠更接近正常，所以，無論牠多大了，無論牠是否已經有社會化不足的問題，比如說看到人會發抖、看到別的狗就會攻擊、看到別的動物就會躲起來、聽到打雷聲就會抖個不停或是躲到椅子底下、只要有一點風吹草動牠就會不停的吠叫，或是在馬路上只要看到小朋友就會一直叫、還是在馬路上見不得別的狗狗，只要一看到就會對著狗叫。而貓咪的部分也差不多，比如說一有聲響牠就躲起來，或是只要陌生人來到家中就會衝出來攻擊，還是根本無法上街逛街，或是完全無法和別的貓咪或是動物相處。

無論牠們是哪一種，這些全都是社會化不足的表現，只要你能真正花一些時間作

好社會化的工作，每一隻狗狗、每一隻貓咪都可以很快樂很自在的生活，而不會一直呈現出無法適應或是適應不良的結果。有很多人以為，貓咪是獨立的、可以自己在家中生活而不需要人類，或是認為貓咪就沒辦法像狗狗這樣牽出去玩，還有就是貓咪是不能訓練的，這些其實都是錯的，你可以和我一起來破除這些不正確的觀念，讓養狗不再困惑，養貓不再困難。跟著我一起做吧！

在開始以前，要先作好所謂的籠內訓練（Crate Training）

Chapter

2 籠內訓練

Crate Training

有很多人以為籠內訓練就是訓練狗狗睡在籠子裡來避免問題的一種訓練，其實這是很大的錯誤，在開始之前，建議從小做起，但是如果您的狗狗貓貓已經成年了，您一樣可以做籠內訓練，而需要性就要依您的狀況而定了。

有很多人住在台北市的一個角落，可能是豪宅，可能是公寓，也可能是套房，先不管這個房子是買的、租的、還是別人提供給您住的，基本上，您不會認為它是您的籠子吧！我拿台北來做例子是因為比較好形容，但是並不是特指台北市才有這樣的問題，這點請先不要誤會！

您住在這樣的一個房子裡面，不管您的工作是什麼？也不管您是上幾小時的班，是早班、晚班、還是大夜班，最後您都會回到這個永久或是暫時的房子裡，也許您稱它是家或是稱它為您的窩，躺在屋裡的那張床上，呼嚕嚕的睡覺，您會不會覺得可怕？會不會覺得住在牢裡呢？會不會覺得不安而想去外面睡呢？我想不會吧！您會把自己睡的那張床鋪得舒舒服服的，軟軟的，甚至於香香的，（邋遢的人除外）您會不會這一輩子幾乎每天十八小時都待在房裡不出來？我想也不會吧！您會不會覺得房子太小而想去睡公園？這些在你看起來很平常的事，但是如果發生在你家的小寶貝狗狗

貓貓身上時，就完全不一樣了。

有的人把狗狗貓貓關在籠子裡面一天超過十八個小時以上，也有的人覺得狗狗貓貓睡在籠子裡面感覺很可憐，還有些人把籠子當成狗狗的牢房，只要牠做錯事，就把牠關進去，也有一些人利用籠子來避免牠犯錯——在決定使不使用籠子之前，您有沒有想過，如果你是這隻狗狗或是貓貓，你會如何呢？

先提供一個數據給您參考：如果狗狗貓貓都被主人強關在籠子裡面，這樣的狗貓被送去流浪動物收容中心的比例，是在人類的生活環境活動的犬貓的三倍之多，有很多主人看到這裡就會很高興，以為再也不用關狗狗貓貓了，或是覺得連數據都告訴我們，人類不應該將動物關在籠子裡，但是您並沒有真正的了解這些話語的意義，這些被關籠子的狗狗是指一天超過十八個小時都在籠子裡面生活的狗狗，這些狗狗貓貓會被主人關這麼長的時間，就是因為主人對這隻狗或是貓咪已經感到厭煩，又不好意思

不養，或是狗狗貓貓的生活行為會影響主人，甚至於干擾主人，其實真正的原因是主人不懂得如何和狗狗貓貓相處，不懂得如訓練及馴服家中的寵物，才會導致一堆問題無法解決，這些狗狗貓貓才會長期的被關在籠子裡。正確的學習籠內訓練以及服從訓練是可以避免問題的發生的。

如果從一隻三十多天大的小狗或是六十天左右的幼貓開始養起，您有多少時間在家裡面陪著牠做生活訓練及籠內訓練呢？多數的人都沒有時間，但是如果您生了個小孩的時候，那就不一樣了，就算真的沒有時間，也會找個菲傭來幫忙，不然就是自己騰出時間來帶小孩，可是，卻沒有人要騰出時間來帶狗狗及貓咪。

當然，您也可以說人和動物是不同的，如果您有這樣的想法，就請您接受您的狗狗或是貓咪的所有行為，因為任何方法都幫不了您的！如果您希望牠們一輩子都完好，就請您努力的學習和動物相處的模式，而從三十五日齡開始的籠內訓練就是您的

第一步！

介紹籠子

首先，您要將您幫牠準備的籠子介紹給狗狗貓貓認識，在牠們越小的時候越好，不需要用說的，那只會浪費您的時間，您要用漸進式的方法讓牠明白籠子的意義，讓牠覺得籠子是個愉快的地方，就像您每天睡覺的床一般，不要一開始就把牠關在裡面，那只會讓牠討厭籠子，甚至於厭恨籠子。把牠喜歡的零食，丟到籠子裡，讓牠自己進去吃，不要把門關起來，維持門是一直是開著的，您可以在牠進籠子吃零食的時候加上一個簡單的口令，比如說是「睡覺囉！」或是「進去」等等，您要多一點耐心，要讓牠自己去探索籠子，讓牠自由的進出，記得，別忘記給牠很多的獎勵，一直到牠可以很自在的進出籠子的時候。才進入下一個階段。

對動物進行籠內訓練您必須以漸進式的方法讓牠明白籠子的意義，
讓牠覺得籠子是個愉快的地方，就像您每天睡覺的床一般，不要一開始就把牠關在裡面，
那只會讓牠討厭籠子，甚至於厭恨籠子。

先將牠的正餐食物放在籠子裡，讓牠進去吃，不要忘記鼓勵喔！然後過一會兒在牠還沒吃完以前，把籠門關上，您不可以離開，在牠一吃完，就立即把門打開讓牠出來，一直這樣做到牠可以在籠子裡面吃完牠所有的食物，我們才進入下一個階段。

當您的狗狗貓貓可以自在地在籠子裡面吃正餐及零食以後，如果你不想要牠在籠子裡進食，從此您可以讓牠在家中的任何地方進食，但是請繼續讓牠進籠子吃零食！

這樣都順利了以後，可再進入下一步。

這個階段一開始就是關門，當牠進去吃零食的時候，不但要鼓勵牠，同時要把籠子門關起來，讓牠在裡面停留一下子，然後才開門讓牠出來，您千萬不要在牠出來的時候表現得很高興的樣子，大多數的主人就是在狗狗貓貓出來的時候表現得太高興或是太興奮了，弄得狗狗貓貓還以為出來外面或是在籠子外面才是好的，最後就不想進籠子了！下一步驟再慢慢的拉長牠在籠內的時間，永遠要記得，在牠進籠子的時候，

籠子會給動物一種安全感，它讓狗狗貓貓們免於外界的干擾和侵犯。

給牠零食以及口頭上的獎勵，就算是牠主動進去也是一樣，有時候您也可以在籠子裡放一些牠喜歡的玩具，基本上，籠內訓練就完成了。

選擇籠子放置的地點

白天的時候，籠子應該放在牠進出容易的地方，讓牠感覺上是家中的一份子，前後院、浴室，或是廁所都是不好的地點，這些地方會讓牠有被隔離、以及不快樂的感覺，尤其牠還聽得到你們在家中走來走去的聲音，所以最好是放在客廳或是臥室或是廚房。但是到了晚上，最好是放在臥室靠近床旁邊的地方，這樣會讓牠感覺到安全及隱密，晚上如果牠需要上廁所，您也可以在牠進籠子裡面以前，帶牠去上，以免牠犯錯。在房間裡，你的聲音、味道、還有你的身影，這些都會讓狗狗貓貓有比較安穩的感覺，而且也比較不容易被外界給嚇到。貓咪比較不一樣的是，貓咪不需要換位置，

狗狗貓貓都是需要時間來成長的，生理上也需要時間來發展腸道及膀胱的控制能力，
特別是狗狗，牠們不會向貓咪一般，從小就會學母貓上貓砂尿尿便便，
您要最精準的預料到牠上廁所時間，還不如定出一個固定的時間表。

那反而容易使得牠不安，而貓咪則需要在籠子裡面準備好牠的貓砂盆。

幫狗狗貓貓定時間表

狗狗貓貓都是需要時間來成長的，生理上也需要時間，來發展腸道及膀胱的控制能力，特別是狗狗，牠們不會向貓咪一般，從小就會學母貓上貓砂尿尿便便，您要最精準的預料到牠上廁所時間，還不如定出一個固定的時間表，而且一旦定好了，千萬不要隨意的更改，狗狗可不像你這麼善變！這個時間表就好像簽約一般，一點都不能違背，不然您就等著屎尿的攻擊吧！如果您照我的建議，定出一個吃飯喝水上廁所等等的時間表以後，而且也確實的遵守，您就會慢慢的看到牠的進步了！

現在的社會，每個人的生活作習時間都不一樣，所以沒有一個標準的時間表，也沒有最好的時間表，最好的是依照您自己的作習去制定的，要符合您的生活型態，不

然萬一你是白天睡覺晚上工作的人，養狗又要早上起床吃飯尿尿的話，您很快就會累到棺材裡的，所以請依照您的生活作息時間去調整，在您起床後的第一件事不是別的，而是放牠出籠子，千萬不要想試試牠膀胱的能力，想賴床？門都沒有，如果您要這樣試牠的膀胱，小心牠尿流成河，流來流去流成愁。

當您發現你的狗狗貓貓在早上你起床的期待出去的時候，你就要學會看懂牠的暗示，其實牠是明示，只是你不一定看得懂，所以我才說暗示，學會看懂牠這種「緊急」的暗示，這樣您才可以順利的讓牠到正確的地方上廁所！如果是在籠內尿尿的貓咪就沒有這樣的困擾。

狗狗會很快的學會如何引起你的注意，並告訴您牠想出去，但是糟糕的是，牠們用的方法都很爛，但卻很有效，因為牠會用叫的，或是用哼的，或是會跳到你身上，或是會撲你，或是抓你的門等等。所以你一定要教牠一個正確的方法來引起你的注

意。比如說，在籠子裡面掛個鈴噹，每當牠碰到鈴噹的時候，就開門讓牠出去，你可以在鈴噹上面抹上零食的味道（如cheese），讓牠去嗅聞，每一次你帶牠出去上廁所的時候，就讓牠舔掉鈴噹上的零食，在牠舔零食的時候，還會一直聽到鈴噹響的聲音，在你要讓牠出籠子的時候也搖搖鈴噹，讓牠慢慢的將「外出」和「鈴聲」還有「零食」產生一個強力的關聯，幾個月之後，你的狗狗就會用鈴噹來告訴你牠想要出去了！

這個原理在貓咪也是一樣的，很多人以為貓咪是不能訓練的，相信我，試試看，您會和我一起破除這種論調的。

請記得，除了在晚上睡覺的時候以外，不要讓牠在籠子裡一次超過三到四小時，小狗狗每隔三到四個小時需要去外面走走逛逛、玩玩、尿尿、便便，所以，您應該知道如何去定時間表了吧！貓咪雖然在籠子裡面的貓砂上大小便，不會有這樣的問題，

但是，牠們還是需要出來玩玩、巡視領土。

在訓練的過程中一定會出現一些小插曲，比如說在籠內來不及就尿尿了，千萬不要大聲怒罵牠，也不要吼叫，那會嚇壞您的狗狗的，你只要大聲一點點的說「不行！」，音量只要足以讓牠停止就可以了，不要把牠嚇到屁滾尿流，不但會衍生出更多的問題，而且你還更難清理牠的籠子。在說完「不行！」以後，把牠帶到外面，讓牠完成牠的大小便，如果當時你是用處罰，或是怒罵、責罵的話，你等於教牠一件事：「大小便是錯誤的」，或是「主人認為大小便是錯誤的」。您就會開始發現家中到處都有黃金！

貓咪在這方面的問題比較少，比較容易出現的反而是：在籠子裡面喵喵叫個不停。

對於狗狗貓貓已經成年以後才想要做籠內訓練的主人，您一樣是可以做籠內訓練

的，但是，請同時配合基本服從訓練（貓咪則是配合Clicker Train），不然您會有很多困擾，尤其是惡習累積很久的狗狗貓貓！

◆籠內訓練小祕方：

1. 在狗狗貓貓哭鬧、喵喵叫，或是抓門的時候千萬不要讓牠出籠子，牠們會以為這種抱怨的方式會換來自由，最好的方法是忽略牠，只有在牠安靜或是平靜下來以後才開門讓牠出來。

2. 不要用籠子處罰牠，如果在狗狗貓貓犯了一些錯的時候，你就把牠關在籠子裡面，牠會把籠子想像成不好的地方，有如人間的監牢，就算您需要牠們進到籠子裡面不要干擾到你的時候，你也要很確定的獎勵牠，給牠零食或是牠最愛的

玩具。

3. 狗狗貓貓和人類一樣，也需要一個喘息的地方，特別是家中如果還有小朋友的存在時，小朋友會吵到連狗狗貓貓都受不了，所以牠也需要個地方喘口氣休息休息，籠子會是最好的選擇，這樣子狗狗貓貓很快地就會發現，這籠子還真不賴呢！

4. 如果家中有小朋友，請您一定要教導小朋友不要去擾亂籠內的狗狗貓貓，不只是小朋友，全家人都一樣，永遠要記得，當狗狗貓貓進到籠子裡面以後，請勿打擾。

5. 在制定時間表的時候，先決定餵食的時間，因為這樣很快的就可以定出整個時間表了。

6. 不要因為成功了就得意忘形，狗狗貓貓連續幾個禮拜不犯錯並不表示牠都會了，也不表示牠已被馴化，您要一直堅持，照著時間表去做，這樣子才能維持牠良好的行為。

7. 如果牠真的不小心在家中或是你不希望的地方大小便了，記得使用分解糞尿味道的清潔劑或是消毒水來去除味道，這樣牠才會繼續在原來的地方上廁所而不會再犯錯！

8. 籠子的大小選擇，依照美國 National Institutes of Health 的標準如下：

 a. 先量狗狗的鼻頭到尾巴伸直的尾尖的長度

 b. 將這個長度加 15.24 公分（6 inches）

 c. 將加好的結果乘以自己，就是牠所需要的籠子地板的空間了。

如果您的狗狗身長為59.76，加15.24就等於75公分，那麼您的狗狗所需要的地板面積就是75×75＝5,625平方公分。

貓咪所需要的籠子要更大，因為牠需要跳上跳下的，所以只要環境的空間許可的情況下，盡可能的買大一點的籠子。

9. 就算您把牠們的籠子弄得像皇宮一樣舒適，只要您的狗狗貓貓在籠子裡有焦慮的行為表現，比如說哼哼叫、吠叫、跺腳，或是自殘時，再好的籠子也要捨棄了。（PS：這是針對做好籠內訓練以後仍然如此的狗狗貓貓，如果您的狗狗貓貓連訓練都沒有做，就算牠哼哼叫、吠叫、喵咪叫、跺腳，或是自殘，也不必捨棄這個籠子，而是要學習如何去配合訓練牠們！）

社會化的過程

第一階段：三到八週齡

在狗狗貓貓三到八週齡的時候，讓牠多接觸一些事物，在牠最敏感的時期，給牠足夠又良好的接觸，這樣可以讓牠有完整的社會化，才可以有正確的社會行為。

以下就是一些最基本的需要接觸的事物：

◆**接觸十二個人**：讓牠接觸很多不同的人類，包括不同的身材、身高、體重，以及個性，最少要接觸十二個人以上，而且每一個人都要接觸三到四次。算起來牠一天都要見一個以上不同的人，每次的接觸不可以讓牠產生害怕或是恐懼。

如果一開始看到陌生人的時候，牠可能會表現出有一點點害怕的樣子，這時候

在狗狗貓貓三到八週齡的時候，讓牠多接觸一些事物，在牠最敏感的時期，給牠足夠又良好的接觸，這樣可以讓牠有完整的社會化，才可以有正確的社會行為。

您可以運用零食讓牠去適應這個人，這樣才是屬於正面的接觸。正面接觸的意義，並不是面對面的接觸，而是正面意義的接觸，也就是運用正加強的方式讓牠接觸陌生的人事物。

◆**這十二個人要穿戴各種不同的衣服，或是戴上假鬍子，或是戴上眼鏡、戴上帽子、化彩妝、穿上裙子、拿起公事包等等**。您可以做出奇怪的打扮，牠可能一下子就不認得你了，但是您可以發出聲音，千萬不要一下子就跑向牠，那只會嚇壞牠，您要在原地不動，叫牠來找你，讓牠嗅聞，這樣子幾次以後，牠就再也不會害怕奇裝異服了。

◆**吸塵器**：要注意的是，狗狗貓貓對於吸塵器的聲音，很容易產生恐懼，先在遠處打開吸塵器，然後才讓牠慢慢地接觸。利用食物來消除牠的恐懼。不要用你的標準來衡量狗狗貓貓，您可能覺得很小聲，也不覺得有什麼，但是牠們的聽

狗狗貓貓對於吸塵器的聲音很容易產生恐懼，建議先在遠處打開吸塵器，
然後才讓牠慢慢地接觸。或是利用食物來消除牠的恐懼。
千萬不要用你的標準來衡量狗狗貓貓喔！

力這麼好，你無法想像牠們會有多害怕，所以不要用吸塵器去靠近您的狗狗貓貓，而是開著吸塵器讓你的狗狗貓貓走去接觸它。如果牠呈現出害怕的樣子，您就要用食物引導牠慢慢靠近吸塵器，幾次之後牠就再也不怕吸塵器了。

◆**辦公室**：盡可能的讓牠有機會接觸到辦公室，因為在辦公室裡會有各種不同的聲音，還有各種不同的人。有時候您自己會覺得，辦公室和家裡有什麼兩樣？是的，差不多，但是對於狗狗貓貓來說，就差很多了，因為辦公室有很多你已經想像不到的聲音，也有很多不常聽到的聲音，比如說電話鈴聲，在家中，一天才響幾次？可是在辦公室中，一天就會響非常多次。除此以外，所有事務機器的聲音，很多人講話的聲音、腳步聲、陌生人進進出出的聲音，或是匆忙工作的人活動的聲音及氣息，這些都是平時接觸不到的，但是辦公室裡卻什麼也有。

◆**最少八種品種以上的狗狗，而貓咪則是需要接觸八隻不同樣子的貓咪：**很多人會去參加所謂的狗聚或是狗狗的俱樂部，但是目前看到的大多數是單一品種的俱樂部，或是單一品種的狗聚，這樣並不能達到真正社會化的目的，還有，幼犬在狗聚時所要接觸的對象，是不可以攻擊牠的，所以要慎選對象，最好是參加幼犬班的課程（Puppy Class），這樣就能和同年齡的幼犬做正確的社會行為，而Puppy Class內的狗狗年齡，最好是四個月以下的狗狗，最大也不可以超過六個月。而貓咪最好是參加幼貓的聚會，讓四個月以下的幼貓相互接觸。如果您的狗狗小於六個月，卻去接觸一堆成犬，或是參與狗聚，但是您知道你讓牠接觸的狗狗，是行為正常的狗狗嗎?如果一不小心，對方的狗狗有行為問題，這一接觸，反而讓牠被攻擊或時受到某種程度的驚嚇，牠再也不敢和狗狗相處了，未來走在路上，不是轉而去咬別的狗狗、吠別的狗狗，就是不敢靠近

別的動物。貓咪也是一樣的，千萬不要等到長大了才來作這樣的接觸，那就太晚了。

從小做好這一部分，將來在馬路上散步遇到其他動物時，牠不會過度好奇，也不會有太大的反應，就好像你走在馬路上一般，路人並不會讓你害怕、恐懼，也不會讓你有特別的感受，這就是社會化，社會化不是交朋友，而是讓牠能快樂自在的生活在人類的社會中。

重點提示：盡可能的多次接觸，每次的時間要短，五到十分鐘就可以了，寧可每次接觸五到十分鐘，然後接觸一百隻狗，也不要只接觸兩三隻狗，卻接觸一兩個小時。

◆**閃光燈**：牠這一生不可能不照相，只要要照相，就有可能接觸到閃光燈，這個年齡的狗狗比較容易適應，所以讓牠被閃光燈閃，可以讓牠逐漸對閃光燈視若無睹。一開始的時候不要直接對著牠的臉閃，先往別的方向，然後才逐漸的讓牠正面的接觸閃光燈。一樣的模式，每次閃到的時候，給牠正面的鼓勵。

◆**體重計**：狗狗貓貓常常需要量體重，這不但是去醫院的時候需要，主人您更需要知道牠的體重變化，從小就讓牠獨自站在體重機上面，以後不但量體重不是困擾，而且去醫院的時候也會乖乖的量體重。

◆**美容院的美容桌**：您的狗狗貓貓有可能會去美容院，也有可能是您自己在家中幫牠美容，讓牠早年就接觸美容桌，等牠長大以後到美容院就不會恐懼了。如果您決定牠一輩子都不上美容院，您可以不做這一項，但是您還是要讓牠適應家中的某個桌子或是台子，因為您可能會讓牠在上面美容、剪毛，或是剪指

甲。如果牠有可能會上美容院，而您又不可能買一個美容桌的話，您可以模擬那種感覺，運用家中現有的桌子，去模擬美容時站在台上的感覺，這樣才不會在將來，一進美容院，剛站上台子就拉屎拉尿了。

◆**動物醫院的診療台**：同樣的，狗狗貓貓不可能不上醫院，總是需要到醫院打預防針或是看病等等，在這個年齡時，總要打打預防針，在狗狗貓貓站上診療台的時候，給予零食獎勵，這樣子狗狗貓貓就不會怕診療台了，如果可以，最好在家中模擬診療台，這樣子就可以達到效果了。

◆**大剪刀**：狗貓貓在這段時間裡，除了上述的接觸以外，還要接觸到剪刀，不是剪毛髮的剪刀，而是一般的剪刀，剪紙的、剪布的，依照您的生活中會使用到的剪刀為主。不是讓牠咬，是讓牠感受剪刀的存在，所以你可以把剪刀拿在手上把玩，一邊玩一邊獎勵牠，讓牠適應你拿剪刀，除此以外，還要拿著剪刀剪

東西，也是要讓牠看著聽著您使用剪刀，這樣牠才不會產生害怕。

◆**雨傘**：在您看來沒有什麼的雨傘，在狗狗貓貓來說，那可是新鮮的，有些雨傘還是自動的，會發出聲音，所以您要慢慢地讓牠接觸這些東西，這樣子牠才不會被雨傘嚇到。您可以先把傘打開讓牠看到，再讓牠靠近嗅聞，還要再較遠的地方打開雨傘，才不會一下子嚇到牠，慢慢地接近牠，直到牠不在乎為止。

◆**拐杖**：在現今的社會，人會因為先天或是後天的問題引起行走的障礙，這些人都會使用拐杖，也有老人因為關節退化而使用拐杖，在牠這麼小的時候就讓牠接觸及適應，未來才不會對持有拐杖的人吠叫。運用方法和雨傘一樣，只是換成拐杖而已。您也可以用拐杖去撫摸狗狗貓貓，在牠還不知道拐杖會不會傷人的時候，讓牠以為拐杖是好的，以後牠就不會在看到別人用拐杖時，對著它吠叫，更不會在看到的時候竄逃。

◆**訓練用的工具**：如果您未來要使用工具來訓練狗狗，比如說Chain Collar、Head Collar、Clicker或是一般的頸圈，這時候就給牠戴上，這樣子牠很快就能適應了，以後就不會對這些工具產生排斥或是抗拒的行為。記得，在這段期間只是讓牠戴上，不是真的開始使用，太早期的使用，往往會導致後續的許多問題。

◆**Clicker**：通常在這個時期就可以導入Clicker Training（響板訓練）了。有關clicker training，我已將部分的資料寫在《愛咪咪的異想世界》一書中，詳細的操作使用，最好是配合專人或是課程的訓練來達成，但是在現在的這段時期，您可以開始使用，讓牠不會害怕CLICKER的聲音，而且還產生該有的效果。

◆**酒精**：這不是用來喝的，您可以拿棉花沾上酒精，然後在牠的脖子擦拭，讓牠習慣酒精的味道，以後到醫院打針的時候，不會因為擦了酒精而覺得要被打針而緊張，牠反而會覺得擦酒精是舒服的。

◆**電腦**：我想您家應該有電腦吧！如果沒有，就讓牠去朋友家中看看電腦，電腦雖然好像很安靜，但是對於狗狗貓貓來說，這聲音其實不小，讓牠不但接觸電腦的主機，也接觸滑鼠及鍵盤，尤其是打字時鍵盤的聲音，讓牠將這項不屬於狗貓世界的高科技產品融入牠們的生活之中。

◆**印表機**：別小看一台印表機，有很多狗狗貓貓還是會怕印表機，如果您家中還有點針式的印表機最好，如果沒有，去辦公室或是朋友家中，讓牠習慣印表機的聲音。

上述的每一件事，不可以只接觸一次，要接觸最少三到四次。

仔細算一算，三到八週齡，總共是三十五天，而以人的部分來看，一個人要出現的次數最少要三到四次，所以三十五天內，總共要出現三十六到四十八次，也就是說，你們家每一天就要有一個以上的客人來幫助您處理狗狗的社會化。

而且每一個人還要穿戴不同的衣物來扮演不同的角色，這樣才能讓您的狗狗未來不會害怕人類。

第二階段：八到十二週齡

從這個階段開始，狗狗貓貓要接觸更多的事物，才能逐漸地走向完整的社會化。

以下是一些建議，您可以依照您的生活模式及作息來調整及改變。

◆**帶牠去開會**。

◆**帶牠接觸遊樂場的設施**，如果您的狗狗要學習做搜救犬，一些特殊的設施要在這個時候導入。

◆**接觸輪椅**：從小適應輪椅，在未來看到輪椅的時候才不會產生害怕的反應，也才不會對殘障者產生不良的影響。

狗狗貓貓要接觸更多的事物，才能逐漸地走向完整的社會化。

◆**接觸影印機、事務機**。

◆**腳踏車**：讓牠先看看腳踏車是什麼，轉轉腳踏板，動動煞車，然後慢慢的騎上去，讓牠看到車子的活動，如果您未來要用腳踏車載牠的話，這時候可以慢慢地讓牠接觸及適應。

◆**棉花球**：讓牠先接觸及認識棉球，不然等牠長大了才接觸，就很容易產生亂咬和棉球同質性的東西。

◆**電視機**：電視機是現代人生活不可或缺的，先打開電視，聲音不要開得太大，等到牠適應了以後，才慢慢的放大聲一點。

◆**大量的人群**：現在牠已經可以接受各種不同的人了，所以要讓牠多接觸大量的人群，比如說小學附近，或是菜市場都可以。

◆**獨處**：這段期間，找幾個機會讓牠自己獨處，但是時間不要太長，幾分鐘到十

幾分鐘就足夠了。

◆**腳步聲**：在牠的身邊踱步，音量要慢慢的拉大，讓牠慢慢適應，不要一次就嚇到牠。

◆**洗衣機**：洗衣機的聲音，有時候並不小聲，對於狗狗來說，或許還比較容易接受，可是對於貓咪來說，如果沒有讓牠適應，未來很容易因為常常有這類的聲音，導致貓咪慢性的產生厭惡的問題（詳見《愛咪咪的異想世界》）。

◆**電話鈴聲**：這包括了單純的鈴聲，還有手機的各種鈴聲。

上述的每一件事，不可以只接觸一次，一樣要接觸最少三到四次。

第三階段：十二到二十週齡

◆**拐杖**：再次的接觸，讓牠不會因此害怕這類的東西，比如說棍子或是拐杖。

◆**大的汽笛聲**：去參加棒球賽的時候，常常會拿著汽笛，這個年紀要開始接觸這樣子大的聲音了，先從戶外離牠遠一點的地方開始讓牠聽，然後在越來越靠近的讓牠接觸較大聲量的汽笛聲音。

◆**洗澡**：不是要等到這個時期才開始洗澡，而是在這個時期要讓牠更愛洗澡，之前還小的時候也是一樣要注意，現在更要運用正加強的方式，慢慢的引導牠，讓牠不害怕洗澡。不只是不害怕洗澡，還要讓牠喜歡洗澡。

◆**吹風機**：洗澡就一定會接觸到吹風機，這個年齡對於聲音是很敏感的，所以讓牠正面的接觸吹風機，才不會害怕吹風機。

◆**毛巾**：毛巾是給狗狗擦拭用的，或是墊著讓狗狗睡在上面的，可是有很多狗狗卻是用來咬著玩的，這個時期讓牠學習什麼是毛巾？運用零食作為引導，不要讓牠誤以為這是遊戲的一部分。

◆**各種噪音的錄音帶**：在坊間可以找到一些錄音帶，有的是噪音的，也有的是鞭炮聲的，還有的是玻璃碎裂的聲音，讓牠在這個時期接觸這些聲音，可以幫助牠的社會化完整，對於各種聲音不會有太大的反應。

◆**工作中的人**：人在工作之中的態度及反應是不一樣的，要讓牠多多接觸這樣的人，比如說到便利商店，或是到夜市去看看這些叫賣的小販，或是到一些可以帶狗狗進入的工作場所，讓牠看看不同的人。

◆**找不同的人在牠身邊做各種動作**：狗狗貓貓這一生接觸最多的反而是人類，所以您要在去找很多不同的人，在牠身邊做各種動作，比如說彎腰，或是打球的動作、跳舞、轉圈圈，做體操等等。儘您所能的做各種不同的動作。

◆**動物醫生（獸醫師）的制服**：牠們都看得懂醫生穿的衣服，所以您可以準備一件一樣的醫師服裝，或是去借一件醫生的衣服，讓牠未來進到醫院時，不會有

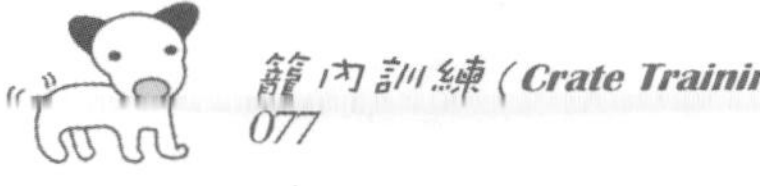

太大的反應。

◆**家中所有的設施**：雖然牠在你家已經生活一段時間了，並沒有真正的去了解你家所有的傢俱或是設施，帶著牠去探索吧！

◆**和家附近的動物正面的互動**：帶著牠出門去認識家附近的動物，做作朋友，但是一定要是正面的接觸及互動，不然牠會因此留下陰影的。

上述的每一件事，不可以只接觸一次，一樣要接觸最少三到四次。

第四階段：二十週齡以上

反覆以上的接觸，一直到牠完全沒有感覺為止。

如果您的狗狗或是貓咪已經超過了這個最佳的社會化時期，您還是可以從頭照著時間表去做，只是你要分為四個階段，不是依照年齡來區分的，而是依照階段來分

的，完成了一個階段，才去進行下一個階段，原本在這個時期可以做好的社會化工作，等到長大了才開始做的話，您必須了解，不可能和幼犬一樣簡單，您反而要花數倍的時間來達到幾分之一的效果。不過，仍然有很大的幫助。

但是很重要的一點，所有的接觸，不可以引起動物的害怕，更不可以引起動物的恐懼，要讓牠正面的接觸及體驗，而所謂正面的接觸及體驗，是指讓牠在接觸的時候，是沒有害怕的，這需要食物的引導以及正加強的運用，以下就簡單的介紹正加強、負加強，以及處罰的意義及運用時機和結果。

◆正加強（positive reinforcement）：

在某一種行為或是反應發生以後，立刻運用一種刺激，讓這個行為反應不斷的被重複，這就是正加強。讓狗狗貓貓覺得有吸引力的，就可以當作牠們的正加強運用物

質（以下簡稱加強物質）。有時候特定的加強物質可能會比較有效，但是每一隻動物的個性及喜好，或是之前對於不同加強物質的反應不同，所以還是要依照每一隻動物的不同而選用不同的加強物質。一般來說，食物對於大多數的犬貓來說，是最好的加強物質（reinforcer），但是還是有很多動物對食物的興趣並不高。

說到對於加強物質的運用，「剝奪」或許是最好的工具，因為剝奪會增加牠們對這類物質的慾望及動機，比如說您的狗狗貓貓對於某種食物特別有興趣，所們就利用對食物的剝奪來增加牠的慾望，平時不給牠們這類的食物，建議不妨在做對事的時候給予，牠會因為對這類食物的慾望很高，而很容易達成您的目標。這也就是醫生們往往會建議飼主除了給飼料以外，不希望您另外餵其他食物的原因。而且您要做到定時定量，絕對不把飼料擺著等牠餓了自己去吃，因為這樣的方法很容易導致牠對食物興趣缺缺。

除了食物以外，還有很多可以運用的，比如說撫摸，或是主人的注意及關注、和家人玩耍，或是和別的動物玩耍，或是牠喜歡的玩具、還有散步或是坐車，或是咬玩具等等。但是這還是要看牠的脾氣、態度和個性了，有些是很有效的，有些是無效的。

原本不是加強物質的事件或是刺激，在某種狀況下是可以運用來當加強物質的，但是必須和原本的加強物質同時出現。聽起來有點複雜，舉個例子來說，散步只是個事件，但是如果散步的時候，主人都陪著狗狗玩耍，或是散步的時候牠都可以有社交的玩耍行為的話，那麼散步就可以變成被控制的加強物質，再舉一個例子，原本主人的讚美（好乖——），在狗狗來說是沒有什麼的，如果每一次讚美牠的時候，同時都給牠一個食物，那麼讚美就變成被控制的加強物質（好乖等於食物）。

在運用獎勵的時候，如果您要讓這個獎勵是有效的，就必須在行為發生時給予

（最好在〇・二五秒內），只能在期望的反應達成的時候給牠獎勵，如果在其他的時間也會間斷的給予加強物質，原本所期望的行為會因此而改變，或是更不易發生。舉例來說，如果您的狗狗或是貓咪在沒做什麼的情況下可以得到您給牠的零食或是獎勵，那麼零食或是獎勵等等這些加強物質，就會變得無效了。為了要讓您的訓練及牠的學習更有效率，您一定要很準確的給予，無論是時間上，或是時機上都是一樣的。

多數的飼主最關心的就是：撲人、咬手、咬腳、吠叫、哀哀叫、乞討、乞求照顧及安慰等等行為，這些行為的背後，都有一個牠想要得到的結果，比如說主人的注意力、食物、遊戲，或是好感。而這些東西剛好加強了主人們不喜歡的這些行為。多數的主人會用忽略的方式來處理這樣的狀況，但是往往造成牠們的問題更難去除。

同樣的，對於害怕或是攻擊行為的狗狗，如果您是採用撫摸的方式，或是「談心」的方式，或是安撫牠安定的方式來解決牠的害怕或是攻擊行為，結果牠不但沒有

因此就不害怕了或是不再攻擊，牠反而因此更加害怕，也更會攻擊。主人們一定要注意，千萬不要使用處罰的方式來處理問題（即使只是輕輕的敲牠或只是責罵而已），因為不但沒有效，還會在不知不覺中加強了這個行為（由於您的注意力所引起的加強行為）。

舉個例子來說，如果你用處罰或是拍打的方式，來解決狗貓在玩耍時的咬手或是咬腳或是其他的攻擊行為，不但沒有辦法解決這樣的問題，反而會無意的鼓勵牠繼續這樣的行為。如果您對牠的這種處罰或是責罵的方式越來越強烈，或是越打越大力，或是頻率越來越高，牠反而學習成享受越來越粗魯的遊戲方式，或許有些動物會因此而停止咬手咬腳等等攻擊行為，但是牠卻會在面對主人時，變得害羞及膽小。

所以對於主人們心中所認定不好的行為，不要使用處罰的方式來處理，反而改用更實際及更人道的方法，檢視您的寵物，給牠一條路，找個牠喜歡的東西給牠咬，或

是玩，或是吃，或是上廁所。在牠做到你期望的反應時獎勵牠，在這樣的狀況下，你的寵物會一直做對，一直被獎勵，一直被鼓勵，您也不需要處罰牠，也不需要責罵牠了。

◆負加強（negative reinforcement）

負加強也是一種加強的型式，為了躲避不好的刺激，讓這個行為反應不斷的被重複，這就是負加強。實際上就是寵物學會了如何去停止一個令牠感覺不好的行為或是狀況。舉例來說，如果一隻狗狗常常被家中的小朋友拉尾巴，以後牠可能會學會跑回自己的籠子裡面。如果在外面有颱風的時候，狗狗也會尋找走廊等地方避風雨，這些都是逃避的行為。也是負加強後的結果。有時候這些不好的刺激和一些特別的線索或是因子有關，所以當這些線索或是因子出現的時候，就會讓牠們產生避免的行為。

因為處罰和負加強都有令動物不悅的刺激，所以很容易被混淆，處罰通常是在某個行為發生的當時或是發生之後，運用這個刺激讓該行為不再一直被反覆，而負加強則是藉由避開不悅的刺激，而讓行為反覆的發生。

舉例好了，比如說你狗狗在咬人的時候打牠，讓牠咬人的行為不會一再發生，你打牠的部分就是處罰（不建議您這樣子做）；而當牠想要咬人的時候，就會為了避免你打牠，而放棄攻擊行為（這是反覆發生的行為），這就是負加強。

◆加強的時機

最有效以及最快的學習是在行為發生後的當下，立即給予獎勵。一旦您引出牠的某些行為的時候，如果您能在當下立即獎勵牠，這樣可以加強這個行為。在一開始的時候，對於你期望的行為反應，您要很規律的立即獎勵牠，一旦牠能夠持續的正確反

應以後，才能延遲獎勵的時間。但是要注意的是，在這兩者之間如果還有反應或是行為發生，您可能會獎勵到中間的行為。舉個例子來說，如果您的狗狗在戶外或是陽台（正確的地方）尿尿，當牠進來的時候，您給牠獎勵，真正被獎勵到的是（進到室內），而不是正確的大小便行為。

正確的獎勵越多，學習的速度越快。

每一隻動物對於不同加強物質的反應不同，依照每一隻動物的不同而選用不同的加強物質（如撫摸或是主人的注意、和家人玩耍、和別的動物玩耍、牠喜歡的玩具，還有散步或是坐車，乃至咬玩具等等）運用「剝奪」的方法，除了訓練的時候以外，全天候的剝奪牠的加強物質可以達到最大的效果。

所以對於您心中目所認定不好的行為，不要使用處罰的方式來處理，反而改用更實際及更人道的方法，好好的檢視您的寵物，給牠一條路，找出牠喜歡的東西給牠

咬，或是玩，或是找出牠愛吃的東西，或是牠最想要的東西（如主人的獎勵）當作加強物質，在牠做到達到你期望的反應時運用這些加強物質獎勵牠，在這樣的狀況下，你的寵物會一直做對，一直被獎勵，一直被鼓勵，您也不需要處罰牠，也不需要責罵牠了。

Chapter

3 訓練狗狗的家庭作業

Training Homework

對狗狗的整個訓練，不是要將牠教成一隻軍犬或是導盲犬，而是要讓牠順利的進入家庭，讓牠自在的生活，不要喪失了這個最重要的意義。

第一週 練習Sit（坐下）及Stay（不許動）

開始之前您要先了解飲食的問題，狗狗貓貓都是一樣的，如果他們對於食物沒有興趣，這時候你如果想要用食物來教他，就會變得很困難，記得前面提到的正加強吧！要利用正加強來訓練狗狗貓貓的時候，最好的加強物質就是食物，如果您的狗狗或是貓咪對於食物一點興趣也沒有，您就很難訓練了。

大家都知道有所謂的飼料，不管是乾糧，或是罐頭，這些都是專家研發設計的，有的飼料商為了研究飼料，光研發人員就超過一千多人，這樣的研究結果，就是您在市面上看到的飼料。飼料本身是屬於完全配方，他不只是依照動物的生理去設計，還依照動物的口感去設計，所以基本上飼料是很好吃的，但是你不要試試看，因為對你來說一點也不好吃，如果您會覺得好吃，那你不是狗狗就是貓咪。

人類的餵食行為，會讓寵物誤以為您給他的才是好東西，這會導致他只吃人類的食物，那不但營養不均衡，還很容易引起腎衰竭等等的問題。

最妙的就是：我告誡許許多多的飼主，不要餵食人類的食物，但是他們還會回過頭來問我，那麼可不可以給狗狗貓貓吃青菜呢？可不可以給牠們吃水果呢？

坦白說，這些都可以吃，肉可以吃，青菜可以吃，水果可以吃（但葡萄可是千萬不能吃的，會引致腎毒性），可是您能不能用這些食物調配成均衡的飲食呢？除非你每天依照食譜去調配，否則吃飼料的動物再添加這些青菜或是水果，那只會影響你的寵物飲食的均衡，那並不是一件好事，不要因為人類多吃水果蔬菜是好的，就表示你的寵物也要一樣。

人類因為沒有照著食譜吃，所以必須多吃這些東西來均衡一下，可是您的寵物所吃的是完全配方的食物，也就是均衡的食物，您就不可以再給牠其他的補充了。

狗狗貓貓可不可以吃青菜呢？這些都可以吃，肉可以吃，青菜可以吃，水果也可以吃，
重點是你能不能用這些食物調配成均衡的飲食！

包括鈣質也是一樣，飼料中的已足夠了，過度的補充反而會造成其他的問題，如髖關節（編註：骨盆的大骨。）發育不全的惡化以及泌尿道的結石問題。

當您遵照我的建議只給牠吃飼料以後，牠對於其他的東西就比較容易引起興趣，這時候你就能依照牠的狀況來選擇合適牠的零食，作為獎勵用的加強物質。記得一件事，在您開始使用零食作為獎勵的時候，飼料給予的量要適度的減少，以免產生過胖的問題，而訓練的時間最好配合飲食的時間，牠有飢餓敢的時候訓練可以達到最好的效果，這也就是前面所說的剝奪。

好了，讓我們開始訓練吧！

在開始家庭作業之前，您必須先看完《別只給我一根骨頭》這本書，因為牽涉到每一個口令的操作。再這裡我還是要先拿幾個口令來複習一下：

坐下（sit）用零食引導，不要拿得太高，以免狗狗跳起來，放在狗狗的面前，
慢慢的高到他的額頭上面一點點，讓他抬起頭來，因為想吃而不得不坐下來，
就在他坐下來的那一剎那間，立即鬆手讓他吃您手中的零食，同時說好乖（Good——）。

複習一、坐下

坐下（sit）用零食引導，不要拿得太高，以免狗狗跳起來，放在狗狗的面前，慢慢的高到他的額頭上面一點點，讓他抬起頭來，因為想吃而不得不坐下來，就在他坐下來的那一剎那間，立即鬆手讓他吃您手中的零食，同時說好乖（Good——）。

最重要的是獎勵的時間，如果你要狗狗貓貓夠懂你的意思，就必須在兩秒內獎勵牠，最好能在〇・二五秒之內獎勵牠，這樣會有比較好的效果。如果您要延遲獎勵的時間，也要等到未來牠真得懂了以後，才能逐漸拉長獎勵給予的時間。我建議你不必想這個，因為短時間內（最少半年之內）你不可以延長這個時間。

複習二、等待（Stay）

等待是一種狀態，而不是一個事件，所以您在訓練牠這個口令時，一定要按照家庭作業的步驟來進行，下等待的口令時，你可以配合工具或是手勢來訓練，多數的人會犯一個錯誤，對狗狗的期望過高，總覺得牠應該可以等待很久，但是牠真得不能，結果您一定會看到牠好像犯了錯，一但發現牠犯了錯，你又不得不處理，問題是，牠根本做不到的事，您卻要求過度了，看看我們建議的進度，你就會發現，狗狗的學習及接受程度遠不如你所想像的。

下等待的口令時，將您的手掌張開，快速的擺在牠的面前，讓牠產生視覺暫留的效果，同時說等待的口令，如「STAY」口氣要平穩，不可以大聲或是帶有怒罵的語氣，因為這是口令，不是處罰。

開始訓練

第一天：

SIT（坐下）—LOOK（看）—REWARD（獎勵）—STAY（等）

—LOOK（看）—REWARD（獎勵）—STAY（等）

—LOOK（看）—REWARD（獎勵）—STAY（等）

—LOOK（看）—REWARD（獎勵）—STAY（等）

—LOOK（看）—REWARD（獎勵）—STAY（等）

—然後解除口令（OK）

重點提示：上述的動作，先是引導狗狗坐下，先口頭獎勵，然後運用零食讓狗狗注意您的眼睛，下LOOK的口令，在牠注視您的眼睛的同時，用零食獎勵牠，然後下等待的指令（期間不要超過兩秒），然後口頭獎勵牠，再下LOOK的指令，然後用零食獎勵牠，然後再下等待的指令。反覆這樣的方式，總共下五次的等待指令後，才下解除口令。您可以在牠坐下的時候口頭獎勵，但是在口令LOOK（看）之後，牠看著您的眼睛時，就要用食物獎勵牠，所以上述的口令中的REWARD（獎勵）是給零食的獎勵。

反覆上述的訓練三遍，並且在十分鐘之內完成這三遍的訓練，一天最少要做五次這樣的訓練，一直到您說LOOK的時候，狗狗會注視您的眼睛，而且您也不必將零食拿在牠看得到的範圍內。

當狗狗逐漸學會LOOK的時候（從二秒、四秒、六秒），您要增加和牠雙目接觸

的時間，一直到十秒，然後才給牠食物的獎勵，在眼睛接觸的時候，您要笑笑的，這樣才能讓狗狗感受到倍受信任的表情，而不是令牠害怕的表情。

第二天：

SIT（坐下）—**LOOK**（看）—**STAY**（等）

—**LOOK**（看）—**STAY**（等）

—**LOOK**（看）—**STAY**（等）

—**LOOK**（看）—**STAY**（等）

—**LOOK**（看）—**STAY**（等）

—然後解除口令（**OK**）

在這個訓練中將您的右腳往後退一步，然後立即回復到原來的位置，不要將重心放在右腳，只需要將腳往後移，然後立即歸位，然後REWARD（獎勵）牠。重複這樣的訓練三遍。

您的狗狗在訓練過程中要全程注視您的眼睛。

將您的右腳往後退一步，停留兩秒，然後立即回復到原來的位置，然後REWARD（獎勵）牠。重複這樣的訓練三遍。

將您的右腳往後退一步，不停留立即回復到原來的位置，然後REWARD（獎勵）牠。重複這樣的訓練三遍。

將您的右腳往後退一步，停留兩秒，然後立即回復到原來的位置，然後REWARD（獎勵）牠。重複這樣的訓練三遍。

如果您的狗狗在這個訓練可以做得很好的時候，腳步往後踏的角度就要多變化，

或是將右腳改為左腳，以上整個訓練一天之內最少要完成三到四個循環。

重點提示：雖然我沒有寫獎勵的地方，但是您這時候應該要很自然的在每一個口令之後，給牠適當的獎勵，上述的訓練，在坐下之後要給口頭獎勵，在看（Look）之後，要給零食的獎勵，在解除口令之後，除了零食獎勵以外，還要給予全身的撫摸及口頭的稱讚。

第三天：

將第二天訓練的內容重複一次讓狗狗先暖暖身（不需做重複的部分）。

重點：您的狗狗在訓練過程中要全程注視您的眼睛。

SIT（坐下）—**LOOK**（看）—**STAY**（等）

—LOOK（看）—STAY（等）

—LOOK（看）—STAY（等）

—LOOK（看）—STAY（等）

—LOOK（看）—STAY（等）

—然後解除口令（OK）

在每一次下等待的口令之後，將您的右腳往後退一步，然後左腳也退一步，停留五秒，然後回復到原來的位置，然後REWARD（獎勵）牠。重複這樣的訓練三遍，如果您的狗狗在這個訓練可以做得很好的時候，腳步往後踏的角度就要多變化，或是將右腳改為左腳。

從右腳開始往後退兩步，停留兩秒，然後回復到原來的位置，然後**REWARD**（獎勵）牠。重複這樣的訓練三遍，如果您的狗狗在這個訓練可以做得很好的時候，改用左腳先往後退。

重點提示：您的狗狗在訓練過程中要全程注視您的眼睛。

往後退兩步，停留兩秒，然後回復到原來的位置，然後REWARD（獎勵）牠。重複這樣的訓練三遍，如果您的狗狗在這個訓練可以做得很好的時候，腳步往後踏的角度就要多變化。

以上整個訓練在一天之內要重複三到四個循環。

第四天：

利用第一天的訓練內容來暖身（不要用第三天的）。

SIT（坐下）—**LOOK**（看）—**STAY**（等）：

—**LOOK**（看）—**STAY**（等）

—**LOOK**（看）—**STAY**（等）

—**LOOK**（看）—**STAY**（等）

—**LOOK**（看）—**STAY**（等）

—然後解除口令（**OK**）

將您的右腳往左前進一步，位於狗狗的右側，不停留的立即回復到原來的位置，然後**REWARD**（獎勵）牠。重複這樣的訓練三遍，如果狗狗的頭會隨著您的位置移動

的話是很好的，但是不需要眼睛和眼睛的目光接觸，但是一旦您回復到原位時，就要立即產生目光接觸，如果需要的話，可以用LOOK口令來幫助您完成眼睛目光的接觸（在獎勵之前）。

將您的右腳往右前進一步，位於狗狗的左側，不停留的立即回復到原來的位置，然後REWARD（獎勵）牠。重複這樣的訓練三遍。

將您的右腳往右前進一步，位於狗狗的左側，停留兩秒後回復到原來的位置，然後REWARD（獎勵）牠。重複這樣的訓練三遍。

將您的右腳往左前進一步，位於狗狗的右側，停留兩秒後回復到原來的位置，然後REWARD（獎勵）牠。重複這樣的訓練三遍。

往狗狗的右側踏進，繞著牠走一圈到原來的位置，然後REWARD（獎勵）牠。重

複這樣的訓練三遍，一旦您回復到原位時，就必須要有目光接觸。

往狗狗的左側踏進，繞著牠走一圈到原來的位置，然後REWARD（獎勵）牠。重複這樣的訓練三遍，一旦您回復到原位時，就必須要有目光接觸。

以上整個訓練在一天之內要重複三到四個循環。

觀察重點：

當您離開您的狗狗視線時，注意牠會在什麼樣的距離破壞STAY（等）的口令，記得這個距離，在還沒有到這個距離之前，就回到一開始的位置，經過這樣反覆的處理之後，可以建立狗狗的信心，然後才可以逐漸拉長距離來訓練。

第五天：

利用第四天的訓練內容來暖身（不須重複）

SIT（坐下）—**LOOK**（看）—**STAY**（等）：

—**LOOK**（看）—**STAY**（等）

—**LOOK**（看）—**STAY**（等）

—**LOOK**（看）—**STAY**（等）

—**LOOK**（看）—**STAY**（等）

—然後解除口令（**OK**）

往後退兩步，停留兩秒，然後回復到原來的位置，然後REWARD（獎勵）牠。

重複這樣的訓練三遍。

往後退兩步，然後往狗狗的左側踏進，繞著牠走一個大圈，回到原來的位置，然後REWARD（獎勵）牠。重複這樣的訓練三遍，一旦您回復到原位時，就必須要有目光接觸。

往後退兩步，然後往狗狗的右側踏進，繞著牠走一個大圈，回到原來的位置，然後REWARD（獎勵）牠。重複這樣的訓練三遍，一旦您回復到原位時，就必須要有目光接觸。

往後退兩步，然後在原地漫步五步，回到原來的位置，然後REWARD（獎勵）牠。重複這樣的訓練三遍，如果您的狗狗在這個訓練可以做得很好的時候，腳步往後踏的角度就要多變化。

往後退五步，然後在原地漫步五步，回到原來的位置，然後REWARD（獎勵）牠。重複這樣的訓練三遍，如果您的狗狗在這個訓練可以做得很好的時候，腳步往後

踏的角度就要多變化，有時候由左腳先出發，有時候右腳。

以上整個訓練在一天之內要重複三到四個循環。

第六天：

利用第五天的訓練內容來暖身（不須重複）

SIT（坐下）—**LOOK**（看）—**STAY**（等）：

—**LOOK**（看）—**STAY**（等）

—**LOOK**（看）—**STAY**（等）

—**LOOK**（看）—**STAY**（等）

—**LOOK**（看）—**STAY**（等）

—然後解除口令（**OK**）

往後退十步，然後不停留的立即回到原來的位置，然後REWARD（獎勵）牠。重複這樣的訓練三遍，如果您的狗狗在這個訓練可以做得很好的時候，腳步往後踏的角度就要多變化，有時候由左腳先出發，有時候右腳。

往後退十步，停留五步後回到原來的位置，然後REWARD（獎勵）牠。重複這樣的訓練三遍，如果您的狗狗在這個訓練可以做得很好的時候，腳步往後踏的角度就要多變化，有時候由左腳先出發，有時候右腳。

往後退十步，停留五步，然後拍手，回到原來的位置，然後REWARD（獎勵）牠。重複這樣的訓練三遍，如果您的狗狗在這個訓練可以做得很好的時候，腳步往後踏的角度就要多變化，有時候由左腳先出發，有時候右腳。

在屋內繞圈圈十秒，回到原來的位置，然後REWARD（獎勵）牠。重複這樣的訓練三遍，一旦您回復到原位時，就必須要有目光接觸。

以上整個訓練在一天之內要重複三到四個循環。

本週除了學習訓練以外，還有這些是您一定要了解的：

急性胃扭轉（Acute Gastric Dilatation-Volvulus）——GDV

急性胃扭轉是一種常發生的疾病，會引起急性的休克，需要內科及外科的緊急處理來避免動物死亡。它是一種胃部不明原因導致順時鐘旋轉，造成胃部堆積大量的氣體或是液體而急性膨脹，常常發生在大型犬，如愛爾蘭雪達犬、大丹、德國狼犬、杜賓、聖伯那等最容易發生。而西施或是北京這類的小型犬較少發生。

發生急性胃扭轉的真正原因到現在還不甚清楚，不過有幾個可能的原因：吃了大量的食物，特別是加工過的穀類、喝了大量的水、飯後的運動、改變體位、衰弱的腸絞痛、麻醉引起胃排空延遲、幽門或是十二指腸阻塞、創傷引起、原發性蠕動障礙、

嘔吐、緊迫、遺傳等等。

狗狗有這樣的問題時，有時候還可以自己走進醫院，但是有時候卻已經奄奄一息，但是無論是哪一種狀況，都會有循環性休克的問題，常見的症狀有：腹部緊繃膨大、上腹部疼痛、拱背、脾臟腫大、乾嘔或常常有吞嚥的動作、過度的流口水、蒼白的黏膜及微弱的脈搏、休克、某種程度的呼吸困難、昏睡無力或是煩亂不安、發紺（編註：黏膜膚色變成紫色）、過度潮紅的黏膜。

急性胃扭轉是一個緊急而且會致命的疾病，最好的治療就是預防，避免牠有任何產生急性胃扭轉的可能，才能避開這個可怕的疾病，一旦牠有急性胃扭轉的問題時，請立即就醫，立即接受醫生的建議緊急開刀及住院治療，以挽回牠寶貴的生命。

第二週　練習COME（來）

複習三、來（Come）

訓練這個動作之前，您要確定您之前所學的東西都做完整了，也要確定您已經完全達到第一週家庭作業的所有要求以後，您才可以做這項口令。

方式如下：先讓牠坐下，然後手上拿著零食，身體往後退一兩步，同時說「來（come）」的口令，引導牠靠向你，再引導牠在你面前坐下，然後獎勵牠。

這個口令做得很順利以後，在下Come的口令之後，引導狗狗坐下，口頭獎勵就好了，不要再給零食，但是在牠坐好以後，再下一個解除的口令（OK），並且同時給予零食的獎勵。

一切都順利以後，您可以找兩三個人圍成一個圈圈，不同的人輪流亂序的下「來」的口令，只有在牠選對方向時才給予獎勵。

複習四、趴下（DOWN）

先讓牠坐下，然後用食物引導，慢慢的往下，在牠趴下來的同時，將零食放手給牠吃，反覆幾次就可以教好趴下的口令了。您可能會發生的狀況，最常見的就是狗狗沒有趴下，反而站起來了，這時候不可以處罰或是責罵，也不需要再下「坐下」的口令，繼續用食物引導牠坐下（不要獎勵）然後還是說趴下的口令，繼續引導牠趴下，千萬不要氣餒，不然你就前功盡棄了。

第一天：

剛開始的時候，您可以自己先練習自己的腳步，練習好了再牽著狗練習。

在做這個訓練的時候，要將繩子牽好，萬一牠在您後退的時候不過來的話，您還

可以輕輕的用繩子引導牠來。

COME（來）：

先說COME（來），往後退兩步，然後引導牠SIT（坐下）—LOOK（看）—REWARD（獎勵牠）說GOOD——（好乖），不要說STAY（等）。反覆三次然後再說OK（好了）解除。

先說COME（來），往右後方後退兩步，然後引導牠 SIT（坐下）—LOOK（看）—REWARD（獎勵）說GOOD——（好乖）。

繼續說COME（來），往右後方後退兩步，然後引導牠SIT（坐下）—LOOK（看）—REWARD（獎勵）說GOOD——（好乖）。

繼續說COME（來），往右後方後退兩步，然後引導牠SIT（坐下）—LOOK

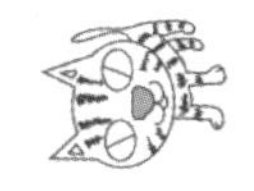
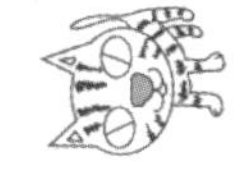

（看）—REWARD（獎勵）說 GOOD——（好乖）。

繼續說 COME（來），往右後方後退兩步，然後引導牠 SIT（坐下）—LOOK（看）—REWARD（獎勵）說 GOOD——（好乖）。

說 OK, 好乖好乖等等鼓勵的話來解除口令，這時候您剛好繞了一個圓圈。

接下來改為往左後方退兩步來訓練，也是繞一個圓圈圈。

您可以嘗試到有很多事物會讓牠分心的地方教 COME，但是如果吸引力過大而不聽口令的話，不要處罰牠，改到第五天才到外面訓練 COME。

第二天：

練習第一天的訓練，但是不一定要完全依照第一天的順序，您可以換來換去的，今天您要嘗試將繩子取下來訓練，如果您的狗狗在取下繩子之後就不聽COME的指令

時，請再把繩子繫上。

第三天：

運用第一天的訓練來暖身，但是不一定要完全依照第一天的順序，您可以換來換去的。

最少要找一個人來幫您訓練，人和人之間要間隔大約三公尺，狗狗如果靠在你這邊時，讓另一個人說COME（來），然後然後引導牠SIT（坐下）—LOOK（看）—REWARD（獎勵）說GOOD——（好乖），然後解除口令OK（好了）。第一個人喊完換第二個人，剛開始的時候狗狗可能會有一點驚訝，但是沒有關係，在狗狗還沒跑開太遠之前，另一個人就要喊COME（來）的口令，這樣來來去去只要做三到四次，不要做太多次。

這樣的訓練方式一天要做最少兩次以上，間隔時間最少要三十分鐘以上。

第四天：

除了繼續已學過的訓練以外，如果您發現狗狗在家沒有特別的事情好做的時候，就下**COME**（來）的口令，然後一樣的引導牠**SIT**（坐下）—**LOOK**（看）—**REWARD**（獎勵）說**GOOD**——（好乖），然後解除口令**OK**（好了）。請不要在狗狗睡覺時或是專心在玩耍時下**COME**的口令。

第五天：

如果外面不會太冷的話，到外面訓練第一天的內容，如果太冷，可以到家中的其他房間訓練。如果外面的刺激還是太吸引牠的話，還是退回屋內訓練，但是最好要慢

慢地引導牠再戶外做好這個口令。

第六天：

在室外做第三天的訓練（如果您有院子的話），不然還是在室內訓練。

練習SIT（坐下）及STAY（等）：

每天除了訓練COME以外，還要另外找出不同的時間，按照第一週的時間表再訓練，如果您有院子的話，可以到室外訓練。

練習DOWN（趴下）

坐在地上，告訴您的狗狗DOWN（趴下），然後獎勵牠，給牠一個長而輕柔的

撫摸，然後逐漸停止，不要用食物獎勵牠，只要給予口頭上的獎勵就可以了，您只要坐在那裡，不要撫摸牠也不要用食物獎勵牠，您可以說牠好乖，但是不要太刺激牠以致於牠產生興奮，這樣子陪著牠十五分鐘，如果牠起來了，您就再要求牠DOWN（趴下），但是不要再給食物獎勵，只要口頭獎勵就好了，如果牠好好的躺著，就只要陪著牠，不要撫摸牠，除非牠很緊張。十五分鐘之後，用OK（好了）來解除牠，您不要先站起來，要等您解除口令下了以後才可以站起來。

一天最少要練習一次，但是兩次會比較好，時間的長短要改變，有時候十五分鐘，有時候十分鐘，有時候二十分鐘。

一天二十四小時內，要讓您的狗狗坐著等食物及所有您的注意力，讓牠練習「服從」。

課後讀物：

本週除了學習訓練以外，還有這些是您一定要了解的：

1. 關於預防針注射

請您非常仔細的看完以下文章，尤其是曾經看過我的書《別只給我一根骨頭》的朋友請您一定要注意，因為這是醫學上的修正，請以下文為依據！

從一九八九年起，全世界的獸醫對於疫苗的施打都是要求每年補強一次，因為幾乎所有的學者都認為動物是所謂的被動免疫系統，無法如同人類般產生終身的免疫，但隨著醫學的進步，一篇篇有關預防注射的文獻紛紛出爐，有更多的學者專家投入了免疫學的研究，一九九六年發現有些自體免疫性的疾病和預防注射有關係，尤其是狗

狗的自體免疫溶血性貧血，這是一種會嚴重破壞自我的紅血球細胞的疾病，到了一九九八年American Association of Feline Practitioners又發現每年施打疫苗會增加貓咪纖維肉瘤Fibrosarcoma的機會，所以開始對貓咪的疫苗注射補強時間延長至三年，事實上有些病毒性疾病在注射疫苗以後，所產生的抗體甚至於可以維持長達七年的效力，所以近兩年來學者們都會不禁的問：「我們會不會太常幫狗狗貓貓打預防針呢？」

二〇〇一年九月一日在the Journal of the American Veterinary Medical Association的文獻中有一篇由American Veterinary Medical Association Executive Board所公告的「預防注射的原則」，在這份文獻中宣佈，對免疫系統不必要的刺激並不會增加對疾病的抵抗力，而且反而可能會導致預防注射後引發的可能副作用。文獻中並且要求獸醫師們將預防注射分為Core（重要的）及Non-Core（非重要的）兩類，還要求要對每一

隻不同的動物，給與牠最合適的疫苗注射時間表（Vaccination Schedule）。

所謂Core vaccine（重要疫苗），就是對於狗貓來說，具有高危險性疾病的疫苗，而Non-Core（非重要疫苗），則是較低危險性疾病的疫苗。

狗的重要疫苗Core Vaccine：

1. CPV-2（CANINE PARVOVIRUS-2）犬小病毒出血性胃腸炎第二型
2. CDV（CANINE DISTEMPER VIRUS）犬瘟熱病毒
3. CAV-2（CANINE ADENOVIRUS TYPE2、INFECTIOUS HEPATITIS）傳染性肝炎，由犬腺病毒第二型所控制
4. RV（RABIES VIRUS）狂犬病病毒

幾乎所有的CAV-2在製造時都配著Parainfluenza（PI）副流行性感冒病毒，所以

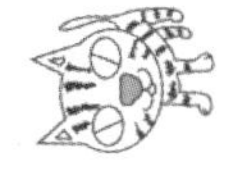

它雖不是CORE VACCINE，但是卻也被放在CORE VACCINE內。

貓的重要疫苗 Core Vaccine：

1. FPV（PANLEUKOPENIA）貓瘟—parvovirus 引起
2. FHV-1（VIRAL RHINOTRACHEITIS）病毒性鼻支氣管炎—herpesvirus type 1 引起
3. FCV（FELINE CALICIVIRUS）貓卡利希病毒—calcivirus 引起
4. RV（RABIES VIRUS）狂犬病病毒

上述的CORE VACCINE是一定要施打的，但是除了幼年期的注射，從第一劑注射開始，每三到四週打一次，一直打到狗貓滿十六週齡為止，之後的第一年要補強一

劑，只要有照這樣的過程執行的犬貓，就能達到幼年期完整的防疫。從一年四個月齡的這一劑補強以後，每三年要再次補強一次，不可以低於三年。對於已經超過四個月才施打第一次疫苗的犬貓，則是施打一次以後，隔年再補強一次，然後每三年補強一劑，一樣不可以低於三年。這些疫苗所產生的抗體力價已被證實可以維持三年以上，所以每三年一次的補強是絕對足夠的。

非重要疫苗NON-CORE VACCINE：

以過敏反應來說，死毒的疫苗比活毒疫苗來得容易，而細菌疫苗又比病毒疫苗來的容易，這也就是為何疫苗容易過敏的原因，因為現有的六合一七合一或是八合一疫苗都含有鉤端螺旋體，而這正是死菌疫苗。

所有被歸納在NON-CORE的疫苗，都不一定要施打，這些疫苗是否要施打，就

要依照不同的地區、國度、及所暴露的環境，由獸醫師幫您決定是否需要施打。

狗的NON-CORE VACCINE有：

1. 鉤端螺旋體（leptospirosis）
2. 萊姆病（Lyme Disease）—由 Borrelia burgdorferi 引起
3. 冠狀病毒腸炎—由 Corona virus 引起
4. 博氏桿菌（犬舍咳）— bordetella bronchiseptica 引起
5. 梨型蟲Giardia

貓的非重要疫苗NON-CORE VACCINE有：

1. 博氏桿菌（犬舍咳）— bordetella bronchiseptica 引起

2. FIP（傳染性腹膜炎）— coronavirus 引起

3. FeLV（貓白血病）leukemia virus 引起

4. Chlamydia psittaci（鸚鵡披衣菌）

5. 梨形蟲Giardia

6. Microsporum canis（犬小芽孢菌。感染後會引發貓咪的皮膚病）

以鉤端螺旋體來說，台灣已有不少的病歷報告，而且還會傳染給人類，甚至於會造成嚴重的腎臟傷害，所以建議您注射，而萊姆病和梨形蟲，對於整天在沙發上的小型犬來說是沒有必要的，但是對於會外出且有機會感染壁蝨，或是接觸到病原的狗狗來說，它也是需要注射的。對於常常會暴露在多數的狗群中，或是要參加dog show，或是常常要去住宿的狗來說，博氏桿菌（犬舍咳）就是需要的。而冠狀病毒腸炎在家

犬是比較嚴重的，它的發生主要和大量的緊迫stress有關，而外出接觸別的動物就是容易產生stress的，但是因為目前的台灣，絕大多數的狗狗並沒有很好的社會化行為，所以在鼓勵外出的情況下，我們仍然建議施打。

而貓咪**FIP**（傳染性腹膜炎）的感染率約1：5000，而疫苗注射二週後的尖峰期也只有六〇到八〇%的保護效果，研究顯示貓咪在施打這種疫苗時必須是coronavirus free（沒有被冠狀病毒感染）的狀態，而且抗體力價要低於一比一百，可是卻有二〇到四〇%的貓的抗體力價超過一比一百，所以對沒有coronavirus冠狀病毒的貓咪族群限制使用疫苗可以降低感染率，而且改變飼養管理方式會比疫苗注射來得有效。（如增加貓砂盆的數量，或是降低飼養密度等等。）

而**FeLV**（貓白血病）是一種致命性的傳染病，在自然感染下復原後的貓咪仍然會再次的感染，也是最容易引發Sarcoma的疫苗之一，在台灣，我們建議在有機會接

觸病原的危險群幼貓開始注射。

Chlamydia psittaci和Microsporum canis在貓咪並不會致命，也不常見，疫苗施打只能減輕臨床症狀，所以前者除了在懷疑感染此菌的貓咪以外，並不建議施打，而後者比較建議用來治療而非預防。這些non-core疫苗的注射如果需要時，注射的頻率和core vaccine是一樣的。

而狂犬病目前因為嚴重的人畜共通及法令的問題，目前仍以各地的法令為依據.

所以現在我們建議的施打方式如下：（犬貓皆同）

六週以上開始注射第一劑，之後每三到四週打一次，一直打到牠滿十六週齡，一歲四個月時補強一劑，之後每三年補強一劑。

若是您的犬貓年齡是超過四個月的，而又沒有確認的疫苗注射記錄，在檢查沒問題之後，隔年再補強一劑，之後每三年施打一次。

而施打的種類就請您的醫生給您建議了，因為這還是需要依照每一隻動物的不同狀況給予不同的建議。

由於有很多人質疑這樣的施打方式，也有很多人擔心這樣子施打安不安全，還有人以習慣了每年補強的方式，也有一些人擔心疫苗是外國製造的，會不會不符合台灣的狀況？這些都是多慮的，您以往一直在施打的疫苗就是外國製造的，這些施打的方式也是外國研究出來的，請安心遵照上述方式施打。

我們醫院早已執行上述的注射方式多年，結果正如文獻所說得一樣，為了避免不必要的紛爭，以下是文獻資料來源，給需要查詢的醫生朋友參考。

文獻資料來源：

American Veterinary Medical Association's Council on Biologic and Therapeutic

Agents·· Canine and feline immunization guidelines. J Am Vet Med Assoc 195·· 314, 1989.

Bowlin CL·· Proceedings from Perspectives on Vaccines in Feline Practice, eighth annual Feline Practitioners Seminar. Columbus, OH, July, 1996.

Duval D, Giger U·· Vaccine-associated immune-mediated hemolytic anemia in the dog. JVIM 10·· 290-295, 1996.

Hendrick MJ, Kass PH, McGill LD, et al·· Postvaccinal sarcomas in cats. J Natl Cancer Inst 86·· 341, 1994.

Kass PH, Barnes WG, Spangler WL, et al·· Epidemiologic evidence for a causal relation between vaccination and fibrosarcoma tumorigenesis in cats. J Am Vet Med Assoc 203·· 396, 1993.

Larson RL, Bradley JS·· Immunologic principles and immunization strategy. Comp

Cont Ed Pract Vet 18‥963, 1996.

Mansfield PD‥ Vaccination of dogs and cats in veterinary teaching hospitals in North America. J Am Vet Med Assoc 208‥1242, 1996.

Smith CA‥ Are we vaccinating too much?‥ J Am Vet Med Assoc 207‥421, 1995.

Tizard I‥ Risks associated with use of live vaccines. J Am Vet Med Assoc 196‥1851, 1990.

Veterinary Exchange‥ Recombinant vaccine technology. Compend Cont Educ Pract Vet 19（suppl）‥5, 1997.

一、Dubielzig RR, Hawkins KL, Miller PE‥ Myofibroblastic sarcoma originating at the site of rabies vaccination in a cat. J Vet Diagn Invest 5‥637-638, 1993.

2. Hendrick MJ, Goldschmidt MH：Do injection site reactions induce fibrosarcomas in cats？J Am Vet Med Assoc 199：968,1991.

3. Hendrick MJ, Goldschmidt MH, Shofer F, et al：Postvaccinal sarcomas in the cat：Epidemiology and electron probe micro-analytical identification of aluminum. Cancer Res 52：5391-5394, 1992.

4. Hendrick MJ, Shofer FS, Goldschmidt MH, et al：Comparison of fibrosarcomas that developed at vaccination sites and at nonvaccination sites in cats：239 cases（1991-1992）. J AmVet Med Assoc 205：1425-1429, 1994.

5. Kass PH, Barnes WG, Spangler WL, et al：Epidemiologic evidence for a causal relation between vaccination and fi-brosarcoma tumorigenesis in cats. J Am Vet Med Assoc203：396-405, 1993.

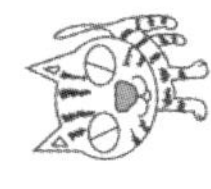

6. Hendrick MJ, Kass PH, McGill LD, et al: Commentary: Postvaccinal sarcomas in cats. J Natl Cancer Inst 86‥5, 1994.

7. Coyne MJ, Reeves NCP, Rosen DK, et al: Estimated prevalence of injection sarcomas in cats during 1992. J Am Vet Med Assoc 210‥249-251, 1997.

8. Macy DW, Hendrick MJ: The potential role of inflammation in the development of postvaccinal sarcomas in cats. Vet Clin North Am Small Anim Pract 26: 103-109, 1996.

9. Rhone Merieux Inc‥ Imrab 3 Rabies Vaccine killed virus（insert）. Athens, GA. Pfizer Animal Health, personal communication, 1995.

10. Esplin DG, McGill L, Meininger A, et al: Postvaccination sarcomas in cats. J Am Vet Med Assoc 202: 1245-1247, 1993.

11. Fawcett HA, Smith NP: Injection-site granuloma due to aluminum. Arch Dermatol 120: 1318-1322, 1984.

12. Hendrick MJ, Dunagan C: Focal necrotizing granulomatous panniculitis associated with subcutaneous injection of rabies vaccine in cats and dogs: 10 cases（1988-1989）. J Am Vet Med Assoc 198: 304-305, 1991.

13. Lester S, Clemett T, Burt A: Vaccine site associated sarcomas in cats: Clinical experience and laboratory review（1982-1993）. J Am Anim Hosp Assoc 32: 91-95, 1996.

14. Burton G, Mason KV: Do postvaccinal sarcomas occur in Australian cats? Aust Vet J 75: 102-106, 1997.

15. Hendrick MJ, Brooks JJ: Postvaccinal sarcomas in the cat: Histology and

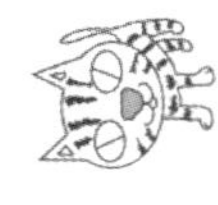

immunohistochemistry. Vet Pathol 31·· 126- 129, 1994.

16. Dubielzig RR: Ocular sarcoma following trauma in three cats.J Am Vet Med Assoc 184: 578-581, 1984.

17. Dubielzig RR, Everitt J, Shadduck JA, et al: Clinical and morphologic features of posttraumatic ocular sarcomas in cats. Vet Pathol 27: 62-65, 1990.

18. Woog J, Albert DM, Condor JR, et al: Osteosarcoma in a phthisical feline eye. Vet Pathol 20: 209-214, 1983.

19. Doddy FD, Glickman LT, Glickman NW, Janovitz ED: Feline fibrosarcomas at vaccination sites and nonvaccination sites. J Comp Pathol 114: 165-174, 1996.

20. Hendrick MJ: Historical review and current knowledge of risk factors involved in feline vaccine associated sarcomas. J Am Vet Med Assoc 213: 1422-1423, 1998.

21. Ellis JA, Jackson ML, Bartsch RC, et al: Use of immunonohis-tochernistry and polymerase chain reaction for detection of coronaviruses in formalin-fixed, par-athion-embedded fibrosarcomas from cats. J Am Vet Med Assoc 209: 767-771, 1996.

22. Goad MEP, Lopez KM, Goad DL: Expression of tumor suppression gene and oncogenes in feline injection site-associated sarcomas. Proceedings 17th ACVIM Forum, Chicago,1999, p. 724.

23. Mayr B, Schaffner G, Kurzbauer R, et al: Mutations in tumor suppressor gene P53 in two feline fibrosarcomas. Br Vet J 151: 707-713, 1995.

24. Hershey AE, et al, personal communication, 1999.

25. Vanselow BA: The application of adjuvants to veterinary medicine. Vet Bull 57: 881-

896, 1987.

26. Macy DW, Bergman PJ‥ Postvaccinal reactions associated with three rabies and three leukemia virus vaccines in cats. Proceedings IBC Third International Symposium on Veterinary Vaccines, February 5-6, 1998, Tampa, FL.

27. AVMA/VAFSTF web site: http: //www.avma.org/vafstf/default.htm, 1998.

28. Advisory Panel on Feline Vaccines: Feline vaccine guidelines. Feline Pract 26: 14-16, 1998.

29. Hershey EA, Sorenmo K, Hendrick M, et al: Feline fibrosar-coma: Prognosis following surgical treatment‥ A preliminary report. Proceedings 17th Annual Veterinary Cancer Society Meeting, Chicago, December 3-6, 1997, p. 36.

30. Davidson EB, Gregory CR, Kass PH: Surgical excision of soft tissue fibrosarcomas in cats. Vet Surg 26: 265-269, 1997.

31. Cronin K, Page RL, Spodnick G, et al‥ Radiation therapy and surgery for fibrosarcoma in 33 cats. Vet Radiol Ultrasound 39: 51-56, 1998.

32. Ogilvie GK, Moore AS: Vaccine associated sarcomas in cats.In Managing the Veterinary Cancer Patient. Trenton, NJ, Veterinary Learning Systems, 1995.

33. Kent EM‥ Use of an immunostimulant as an aid in treatment and management of fibrosarcomas in three cats. Feline Pract 21: 13, 1993.

34. Briscoe C, Tipscomb T, McKinney LA: Pulmonary metastasis of a feline postvaccinal fibrosarcoma. Vet Pathol 32: 5, 1995.

35. Esplin DG, Campbell R: Widespread metastasis of a fibrosarcoma associated with a

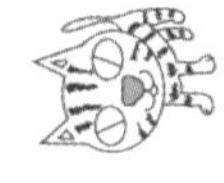

vaccination site in a cat. Feline Pract 23: 13-16, 1995.

36. Rudmann DG, Van Alstine WG, Doddy F, et al: Pulmonary and mediastinal metastasis of a vaccination site sarcoma in a cat. Vet Pathol 33: 466-469, 1996.

37. Anonymous: Guidelines for vaccination. Nashville, American Association of Feline Practitioners, 1998.

38. ACVIM Specialty Meeting minutes, May 24, 1998, San Diego.39. David S. Rolfe, U. S. Army, personal communication, 1997.

40. Schultz RD: Current and future canine and feline vaccination programs. Vet Med 93: 233-254, 1998.

41. Center for Veterinary Biologies（CVB） Ames, IA.42. Tizard I, Ni Y: Use of serologic testing to assess immune status of companion animals. J Am Vet Med

Assoc 213: 54-60, 1998.

42. McCaw DL, Thompson M, Tate D, et al: Serum distemper virus and parvovirus antibody titers among dogs brought to a veterinary hospital for revaccination. J Am Vet Med Assoc213 ·· 72-75, 1998.

43. Gaskell R, Dawson S: Feline respiratory disease. In Greene C（ed）: Infectious Diseases of the Dog and Cat, 2nd ed. Philadelphia, WB Saunders, 1998, pp. 94-106.

45. Scott FW, Geissinger C: Duration of immunity in cats vaccinated with an inactivated feline panleukopenia, herpesvirus and calicivirus vaccine. Feline Pract 25: 12-19, 1997.

44. Ackermann O, Dorr W: Prufung der schutzdauer gege die panleukopenie der katze nach impfung mit Felidovac P. Die Blauned Hefte 66: 263-267, 1983.

45. Scott FW, Geissinger CM: Long-term immunity in cats vaccinated with an inactivated trivalent vaccine. Am J Vet Res 60: 652-658, 1999.

46. Scott FW: Feline respiratory viral infection. In Scott FW（ed）: Infectious Diseases. New York, Churchill Livingstone,

47. Orr CM, Gaskell CJ: Interaction of a combined feline viral rhinotracheitis-feline calicivirus vaccine and the FVR carrier state. Vet Rec 103·· 200-202, 1978.

48. Povey C, Ingersoll J: Cross protection among feline calici-viruses. Infect Immunol 11: 877-885, 1975.

49. Johnson RP, Povey RC: Feline calicivirus infection in kittens borne by cats persistently infected with virus. Res Vet Sci 37: 114-119, 1984.

50. Tham KM, Studdert MJ: Antibody and cell mediated immuno responses to feline

calicivirus following inactivated vaccine and challenge. J Vet Med B 34·· 640-654, 1987.

51. Edinboro CH, Janowitz LK, Guptill-Yoran L, et al: A clinical trial of intranasal and subcutaneous vaccines to prevent upper respiratory infection in cats at an animal shelter. FelinePract 27（6）: 7-ll, 1999.

52. Mitzel JR, Strating A: Vaccination against feline pneumonitis. Am J Vet Res 38: 1361-1363, 1977.

53. Kolar JR, Rude TA: Duration of immunity in cats inoculated with a commercial feline pneumonitis vaccine. Vet Med Small Anim Clin 86: 1171-1173, 1981.

54. Wasmoen T, Chu HJ, Chaves L, et al: Demonstration of one year duration of immunity for an inactivated feline Chla-mydia psittaci vaccine. Feline Pract 20: 13-

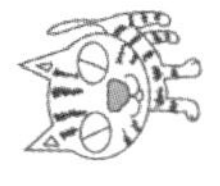
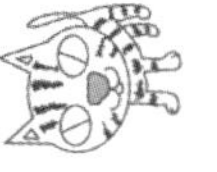

16, 1992.

55. Welsh R: Bordetella bronchiseptica infections in cats. J Am Anim Hosp Assoc 32: 153-158, 1996.

56. Willoughby K, Dawson S, Jones R, et al: Isolation of B. bronchiseptica from kittens with pneumonia in a breeding cattery. Vet Rec 129: 407, 1991.

57. Rojko J, Hardy W Jr.: Feline leukemia virus and other retrovi-ruses. In Sherding R（ed）: The Cat. Diseases and Clinical Management, 2nd ed. New York, Churchill Livingstone,1994, pp. 263-432.

58. Haffer KN, Koertje WD, Derr JT, et al: Evaluation of immuno-suppressive effect and efficacy of an improved potency feline leukaemia vaccine. Vaccine 8·· 12-16, 1990.

59. Tompkins MB, Tompkins WAF, Ogilvie GK: Immunopatho-genesis of feline leuke-

mia virus infections. Companion Anim Pract, July 1998, pp. 15-26.

60. Pedersen NC: An overview of feline enteric coronavirus and infectious peritonitis virus infections. Feline Pract 23: 7-20, 1995.

61. Gerher JD, Ingersoll JD, Cast AM, et al: Protection against feline infectious peritonitis by intranasal inoculation of a temperature sensitive FIPV vaccine. Vaccine 8: 536-542,1990.

62. Fehr D, Holznagel E, Bolla S, et al·· Placebo controlled evaluation of a modified live virus vaccine against infectious peritonitis: Safety and efficacy under field conditions. Vaccine15: 1101-1109, 1997.

63. Hill S, Cheney J, Taton-Allen G, et al: Prevalence of enteric zoonoses in cats. J Am Vet Med Assoc 216: 687-692, 2000.

64. Greene C, Dressen D: Rabies. In Greene CE（ed）: Infectious Diseases of the Dog and Cat, 2nd ed. Philadelphia, WB Saunders, 1998, pp. 114-126.

65. Macy DW, Chretin J: Local postvaccinal reactions of a recom-binant rabies vaccine. Vet Forum, August 1999, pp. 44-49

國外參考網站：

http：//www.cavaliersonline.com/health/vaccinenew.htm

http：//www.vmth.ucdavis.edu/vmth/clientinfo/infogenmed/vaccinproto.html

http：//www.inkabijou.co.uk/vaxine.htm

http：//rrcus.org/assets/html/about/health_genetics/MansfieldVaccine.pdf

http：//www.vth.colostate.edu/vth/savp2.html

2. 認識外耳炎

◆外耳炎在動物的領域裡是一種常見的疾病，可能發生單側、也可能是兩耳、有慢性的、也有急性感染。在狗、貓無論任何品種、年齡均會感染。狗的感染率為五至二十%，而貓的感染率為二至六．六%。這些感染外耳炎的狗、貓的症狀有：甩頭、耳朵發臭、疼痛、脫毛、癢、擦傷、耳分泌物、化膿性創傷性皮膚炎。有些動物只有一種症狀，也有些動物有很多種症狀

◆病因：

構造（CONFORMATION）：

由於犬貓的耳道狹窄細長，所以很容易留住水氣、外來的碎屑、及腺體的分泌物。耳道內過多的毛髮容易阻礙通風並增加耳垢的置留。又有些垂耳的狗更加的阻礙耳道的通風而造成耳道濕度的增加。像這樣一個潮濕的環境會摧毀表皮的保護層而造

成感染。

習慣（HABITS）：

養在戶外的狗及獵犬更容易有一些外來物留在耳道內，如芒（編註：禾本科芒屬植物，果實多纖毛，熟時飛散如絮。）、灰塵或細枝。有些常游泳或常洗澡的狗由於耵聹腺（CERUMINOUS GLAND）的刺激而造成分泌物的過度製造，濕氣置留耳道內影響上皮的保護功能。

皮膚病（SKIN DISEASES）：

全身性的皮膚病會感染耳道上皮或是造成耳垢過度製造。要注意的是過敏性疾病發生時，耳朵只是其中一個會癢的區域。

有機體（ORGANISMS）：

細菌、酵母菌及寄生蟲會造成耳朵的問題，在正常的狗、貓耳內是有少量的細菌及酵母菌存在。這些有機體在適當的時機會過度繁殖生長而造成感染。另外，耳疥蟲在狗、貓是發生外耳炎的主要原因之一。

耳壁蝨的幼蟲會造成急性外耳炎。

創傷（TRAUMA）：

在耳道內使用綿花棒或刺激性溶液會破壞上皮細胞的襯裡，讓有機體得以生長，造成感染。

為動物清洗耳朵只要將清耳液灌入後在外部搓揉最少四十秒，然後讓牠自己甩頭，甩完以後可以用溫水或是生理食鹽水再多次的灌洗外耳，每次搓揉約十幾秒就完成啦！

腫瘤（TUMORS）：

任何一種皮膚腫瘤都可能發生在耳道內。耳朵的腫瘤狗比貓常發生。

3. 清洗耳朵

到目前為止，超過九〇%的飼主還在使用棉花棒清理動物的耳朵，造成多數的動物陷於棉花棒的嚴重恐懼之中，原因就是大多數的動物醫生或是美容院，仍然在使用棉花棒清耳朵，甚至於還教導飼主這種不正確的觀念及方法，使得原本簡單的外耳問題變得嚴重而複雜，接下來就為您完全的解開清耳朵的神秘面紗！

多數的獸醫養成過程中，並沒有真正的老師會教清理耳朵的觀念及方法，而幾乎都是在大學實習時，看到臨床醫生的方法而自己學的，或是開業前到某些醫院當實習醫生時所學的，而所學習的對象又沒有正確的觀念，這些錯誤的方法就這樣子以訛傳

訛的延續到今天，使得正確的觀念難以伸張。

美容師的養成課程中，有幾堂課是由獸醫來上的，但是美容學校往往找的獸醫都是老觀念的，幾乎百分之九十以上的美容師都學會了用棉花棒挖耳朵的方法，這就是為什麼飼主們不容易找到一家不用棉花棒清理耳朵的醫院的原因！（用夾子夾棉球清理＝使用棉花棒），接下來就為您介紹真正的耳多清理的方法：

(1)在醫院的清理：

醫生檢查出有外耳炎的時候，如果耳垢是難以去除的，我們就會要求在醫院清洗，之後才回去點藥水，這時候就會依照動物的穩定狀況來決定要不要麻醉動物，以狗狗而言，多數的都可以不麻醉，而少數的因為過度緊張或是已被醫生或是飼主用棉花棒挖耳朵挖到怕了，要清理就會很難，所以就需要適量的麻醉來處理，而貓咪多數

是需要鎮定或是麻醉的，不然牠一輩子都會恨動物醫院的醫生，以後要檢查牠就會很困難！

我們會給動物使用很好很安全的麻藥，如propofol或是sevoflurane，然後將藥水灌入動物的耳朵內，搓揉作用後再使用低壓的抽痰機將液體抽出，反覆使用清洗液灌洗完畢後就完成了，這種低壓的抽痰機是每家醫院必須具備的設備，只是有些醫生不知道它可以用來清洗耳朵！

如果可以不用麻醉的動物，我們就會使用一台專門洗耳朵用的洗耳機（ear wash system），它可以同時抽吸這些清洗液，也會不斷的灌入液體到外耳道內，把一些附著在外耳道的耳垢灌洗下來，溫和而不傷害動物，所以只要是可配合的動物，會很方便。

(2)居家護理：

對於一些比較輕微的耳垢，我們會開一瓶洗耳朵專用的清耳液，讓飼主帶回家自己洗，利用洗澡那一天來洗耳朵會比較好，不然有時候洗完以後會弄得到處髒髒的，很麻煩，所以多數都建議在洗澡當日來洗。方法很簡單，外耳道有長毛的要先拔除乾淨，然後將醫生開的清耳液灌入外耳道內，灌滿，不必怕，外耳和中耳之間有耳膜，會把水檔住，除非耳膜有破裂，不然再怎樣洗也沒有關係。耳膜破裂的都要在醫院處理的，所以會讓您自己洗的就不必擔心害怕，將清耳液灌入後在外部搓揉最少四十秒，然後讓牠自己甩頭，狗貓天生就有這種功能，可以將外耳道的水甩出來，人類在這方面就遠不如動物了，甩完以後可以用溫水或是生理食鹽水再多次的灌洗外耳，每次搓揉約十幾秒即可，最後狗貓甩完頭以後，剩下的水滴會自然的蒸發，很多人都忽

略了大自然的物理現象，深怕水出不來，你可以做一個實驗，把水抹在桌上，看看多久會蒸發掉，再試試你的手臂，因為體溫的關係，蒸發的速度會更快，再想想你的狗狗貓貓，體溫比人類最少高一到兩度，蒸發的速度更快，所以不用擔心水出不來。還有一個重點，清耳液及生理食鹽水在使用前最好是先放在熱水中，讓它的溫度提高一點，最少要溫溫的，不可以用冷水或是熱水，因為耳膜會受不了，會讓動物有不舒服的感覺。

最後要提醒各位的是，如果您的美容師堅持要挖耳朵，請您帶動物去洗澡美容時，告知美容師無論耳朵有多髒，都不要幫你的狗狗貓貓挖耳朵，耳朵才不會永遠醫不好。如果您的醫生還是堅持要挖，那我也只能希望您轉診了，因為不願意進步的醫生不是您的好朋友，也不是狗狗貓貓的好醫生。

這樣的洗耳朵方法是來自美國動物醫學文獻，在國外已實施超過十年了，讓我們一起來照顧牠們的耳朵吧！

第三週　練習DOWN-STAY（來）

練習DOWN-STAY

這週練習的趴下DOWN，不要只是坐在地上，您可以用身體覆蓋在狗狗身上讓牠趴下，並且告訴牠等待STAY，一直多次的獎勵牠。當您的狗狗可以在您面前等待超過十秒鐘，請開始移動您的腳步，就像在SIT—LOOK—STAY的訓練一樣（見第一週的家庭作業）。您要漸進式的讓牠學習，千萬不要超出您的狗狗能力之所及，不要太快也不要一下子要求太多。

用**OK**（好了）來解除口令，或是要求過度而造成狗狗在不注意的情況下破壞了**STAY**的口令。那時的狀況是很尷尬的，不知如何是好。

狗狗在趴下或是躺下時，要注視您的眼睛是比較困難的，雖然不要太過於要求牠在這種姿勢注視您的眼睛，但是最起碼牠要注意您的動向，不可以讓牠四處亂看，也不可以亂聞，您可以藉由和牠說話來引起牠一直注意您，要說**STAY**（等）以及**GOOD DOG**（好乖——）。千萬不要等到出了狀況時才去想解決的方法，那時候怎樣都來不及了。

練習牽繩走路

用HEEL、LET'S GO（走），而不要用COME（來），您可以用THIS WAY（這

邊）來改變行進的方向，隨身攜帶零食，並且在您停下來的時候練習SIT—LOOK—STAY，記得要用OK（好了）來解除口令。因為有很多的人沒有做好社會化的工作，使得狗狗在家中表現良好，可是一出門就如脫韁野馬一般，拉也拉不住，更不用提HEEL的動作了，對於這樣的狀況，您就要比一般人辛苦一點，先將繩子牽短一點，一出門，只要牠超過你，就停下來，要求牠坐下，然後才再一次的開始前進，一超出你，就停下來，還是要求牠坐下，做好以後才可以再開始前進，這樣的方式，我想你可能散步一個小時，也走不了幾公尺，但是你必須如此，大約一週之後，牠就會跟著你隨側前進了。不然你也可以配合使用工具，但是這時候一定要有專業的訓練師或是行為治療師協助你，以免產生更多的問題。

練習SIT—LOOK—STAY

每天都要將第一週的家庭作業拿出來複習，隨便挑一天的作業來練習，如果您家裡有院子的話，建議您到院子練習，或是您也可以帶牠到附近的公園或是草地，在較沒有其他的刺激或是吸引力的人事物存在的情況下練習。

練習COME—SIT

每天都要將第二週的家庭作業拿出來複習，同時將這些練習加入到牽繩子散步的過程裡面（COME—SIT）

練習長時間的DOWN

坐在地上，告訴您的狗狗DOWN（趴下），然後獎勵牠，給牠一個長而輕柔的撫摸，然後逐漸停止，不要用食物獎勵牠，只要給予口頭上的獎勵就可以了，您只要

坐在那裡，不要撫摸牠也不要用食物獎勵牠，您可以說牠好乖，但是不要太刺激牠以致於牠產生興奮，這樣子陪著牠十五分鐘，如果牠起來了，您就再要求牠DOWN（趴下），但是不要再給食物獎勵，只要口頭獎勵就好了，如果牠好好的躺著，就只要陪著牠，不要撫摸牠，除非牠很緊張。十五分鐘之後，用OK（好了）來解除牠，您不要先站起來，要等您解除口令下了以後才可以站起來。

一天最少要練習一次，但是兩次會比較好，時間的長短要改變，有時候十五分鐘，有時候十分鐘，有時候二十分鐘。

一天二十四小時內，要讓您的狗狗坐著等食物及所有您的注意力，讓牠練習「服從」。

課後讀物：

本週除了學習訓練以外，還有這些是您一定要了解的：（請讀附件：CPR1、CPR2、CPR3）

剪趾甲

①您是不是每次幫狗狗剪個指甲都會流血呢？幫狗狗剪趾甲其實很簡單。圖中（圖3-1）箭

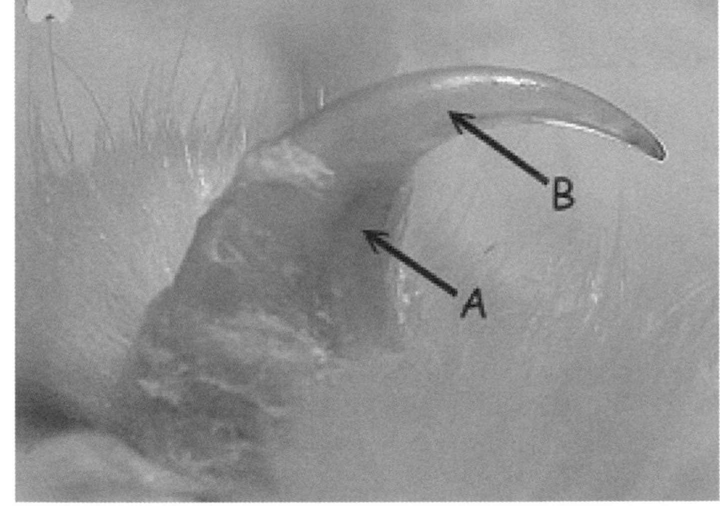

（圖3-1）

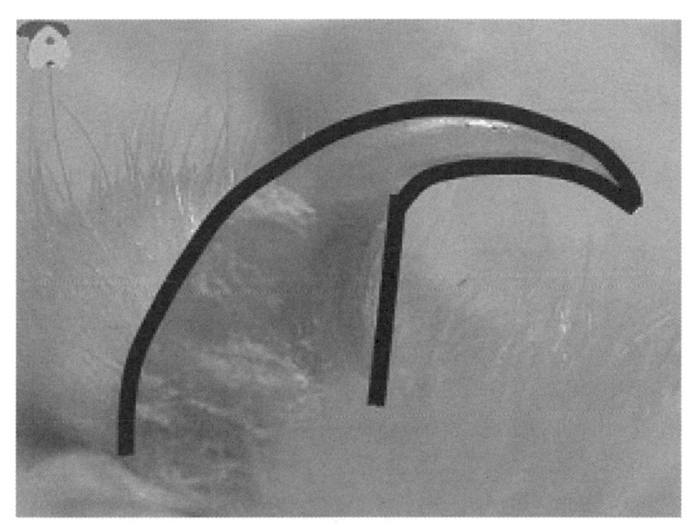

（圖3-2）

頭A所指的位置是血管的位置，如果您剪到這個位置，狗狗會疼痛不舒服，也會使得牠們以後不讓您幫牠剪趾甲。箭頭B所指的位置是沒有神經血管的位置，從這張圖片中也可以很清楚的看到指甲呈現半透明的狀態，如果從這裡剪下去的話，不會有流血或疼痛的感覺。

②圖中（圖3-2）將指

（圖 3-3）

甲的邊緣輪廓畫出來，您可以很清楚的看到外緣是完整的圓弧狀，而內緣則是由根部的一直線接到末端的圓弧線形，剪指甲的下刀之處就是內緣直線與內緣弧線交界處再往外一點的地方。

③直的及斜的這兩條線是剪指甲時常用的兩種剪法（圖 3-3）。

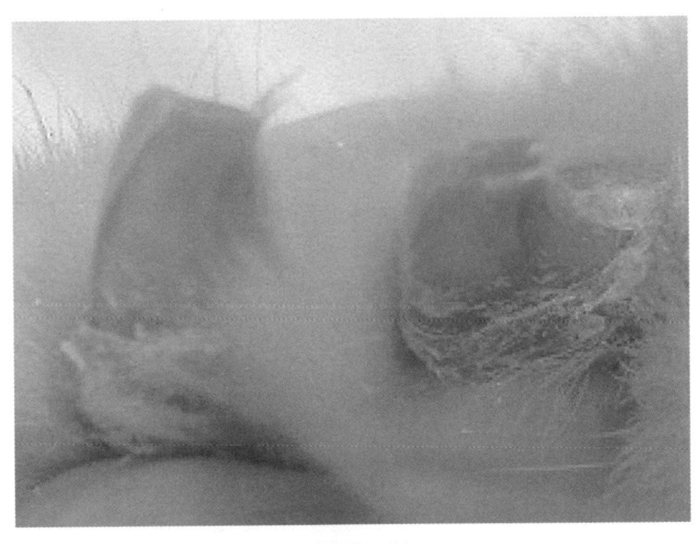

（圖 3-4）

④剪好後的樣子（圖 3-4）。

第四週　總複習及新口令

從這一週開始，就是總複習，您要隨便挑一天的訓練來作，每天要訓練三到五個循環，這一週開始，盡可能的在戶外訓練，讓牠學得更好。

重點提示：你的狗狗可能在這段期間沒辦法達到您所想要的樣

子，也許是你要求過度，也許是你的動作錯誤，我建議您，帶著牠去上課，將這四週的東西當作家庭作業，上課學習是比較好的方式，因為您不必去揣摩，你只需要去學習及執行。

課後讀物：

本週除了學習訓練以外，還有這些是您一定要了解的：

1. 動物的生長及壽命的期望

當你飼養了一隻小狗小貓的時候，你認為牠算是什麼？是陪伴您一生的動物？還是陪伴您一生的寵物？還是陪伴您一生的同伴？如果用選的，大家都知道，選第三個是比較正確的，但是其實是錯的，因為牠不是陪伴您一生的同伴，而是您要陪伴牠一

生的同伴，如果您沒有辦法面對同伴未來的死亡，您就不適合養狗。

有很多人對於養狗都有期望，有些人希望牠活得越久越好，也有人希望能夠把牠養到十五歲，也有人認為養到十年就足夠了，每一個人對於動物的生命期望都不一樣，在養狗之前，您是否已經準備面對牠的死亡了呢？如果您沒有這樣的準備，我建議您立即開始準備，如果您還沒有開始養狗而只是想要養狗，我建議您想清楚，看看自己是否有能力養狗，不是有沒有經濟能力，而是您能不能負擔那種生離死別的煎熬。

我看過很多飼主，有些人因為狗狗貓貓的問題，自己得了憂鬱症，也有些主人在動物死亡後，整天以淚洗面，這樣的結果是您當初養狗養貓時想到過的嗎？我是一個最奇怪的醫生，一般的醫生總希望養狗養貓的人越多越好，這樣才會有更好的生意，可是我總是勸人能不要養就不要養，養狗養貓就像養個小孩一樣，如果您沒有準備

好，真的不要養，有些人是真的很愛狗，也有些人是真的很愛貓，可是經濟上沒有足夠的能力，而動物的醫療又沒有健保，所以每一項都是要飼主自費，往往遇到一些嚴重的問題的時候，有些主人因為經濟能力的問題，而採用了粗糙的醫療方式，或許在主人的心中得以平靜了，因為他已經做到了自己能力的最大努力了，可是如果您站在動物的角度來看得時候，難道就因為您的能力不足，就要讓他承受不好的醫療，或是讓他痛苦嗎？不要找理由及藉口來掩飾自己的自私。

最近的新聞，有人花了六十幾萬幫狗狗換人工關節，很多人認為不可思議，如果痛苦的是您的家人時，六十幾萬就算用借的，您也會想辦法去借，而不會選擇鋸掉那隻腳吧！更不會不醫治而任由家人痛苦吧！但是痛的是自己的狗狗時，您的態度就變了，如果您是這樣，我會勸您不要養狗養貓，因為您只是養一隻寵物，來滿足您內心的那個小孩的缺憾而已，動物何其無辜？

如果您可以把他當家人看待時，養狗就不是痛苦，而是樂趣了。生命都是一樣的，生、老、病、痛、死。總離不開這樣的五件事，每一個過程都是好的，生，有出生的喜悅，老，有歲月的記憶，病雖然不好，有相聚共度艱難的可貴，痛是很難受的過程，但是經歷這樣的痛，才更能發覺生命的可貴，死，是生命的終結，對於活著的人來說，都是不捨，但是對於要離開您的動物來說，生命終結了，因為您努力的陪伴，牠的生命充滿了快樂，因為您而豐富了牠的一生，對於牠來說，這些已經足夠，對於您來說，您也可以在這最後的時刻，提早體驗死亡，死亡沒有什麼，就和睡覺一樣，只是死亡是否具有意義而已。

有些人類採取自殺的方式來結束生命，這是愚蠢的，因為生命喪失了意義，而經歷正常的死亡，生命走到盡頭，死亡才具有意義。

當您能真正體認這些時，我才會建議您養寵物，不但豐富了牠們，也富裕了您的

心靈。

動物不只是動物而已，牠也是一個生命，您要學著尊重它，養寵物的整個過程，包括生老病痛死，都是您和它的一個體驗，不要害怕面對這些，記得，您的寵物可能隨時會死亡，無論您對牠的生命有多少期望，好好照顧牠，好好陪牠，不要想盡辦法延長牠的壽命，而要想盡辦法讓牠的生命豐富有價值，即使只能再陪牠一天，也要讓這一天有價值有意義。期望牠活到二十歲不是最重要的，陪牠走完有價值的一生才是最重要的。

2.動物的死亡

當動物死亡以後，如果您來不及看到牠最後一面，您還是可以對著牠說話，因為動物和人類一樣，在生命終結以後，聽覺仍然存在好幾個小時，我是一個學科學的

人，但是也見過各種奇怪的事，有時候您不得不相信一些事情，但是我也不希望各位迷信，適可而止就好了。

在我們醫院，當動物狀況不佳的時候，晚上都會有一位醫生或是護士值班守夜，就是怕動物發生不測狀況，有一次，某隻狗狗因為慢性疾病，住在醫院安寧治療，因為出現了一些死前病徵，當晚我們都判定牠可能會在半夜死亡，輪班的是一位護士，在動物開始狀況不佳的時候，護士通知家屬到場，在最後一位家屬到場時，動物早就昏迷了，可是我們把動物的聽覺等等的這些狀況告訴主人以後，主人們對著昏迷的狗狗說「泥泥，你放心走吧，我們都會好好的」，話才剛說完，泥泥馬上斷氣，在場的所有醫生護士以及泥泥的家人，心裡都有一樣的想法。

之後的幾個小時，我們將泥泥留給主人，讓他們說說話，直到該說得都說完以後，才將泥泥冰起來等待火化。

動物死亡以後，有人會土葬，有人會火化，有人會放水流，也有人就扔到垃圾堆裡，對於放水流的傳統習俗，希望不再有了，因為很不衛生。扔垃圾堆也一樣，不要再採用這樣的方式，無論您會選擇哪一種方式，決定權都在您，只要不污染地球就可以了。生命離開肉體以後，肉體就只是一個軀殼而已，我會建議盡可能的採用火化的方式，您可以撿骨，也可以不撿，不需想太多，牠的精神永遠存在你的心裡。

所有的動物醫院都可以協助您處理死後動物的軀體，只要您願意。

您的狗狗是好狗狗嗎？

您或許會說自己養了一條好狗，可是您不見得是一個負責任的好主人，好狗與壞狗的定義並不是由您自己來決定的，看看下面的問題，您的狗狗能通過以下幾種測驗呢？如果都能通過，那麼您就是一個負責任的好主人，您的狗狗才是一條好狗。

AKC的好公民測驗（Canine Good Citizen Test）：

1. 您有沒有每一到二週幫您的狗狗洗澡美容呢？（YES＝五分，NO＝二分）
2. 牠的預防注射（八合一）是否過期？（YES＝二分，NO＝五分）
3. 牠的狂犬病是否過期？（YES＝二分，NO＝五分）
4. 您是否每個月餵牠一顆心絲蟲預防藥？（YES＝五分，NO＝二分）
5. 您是否每年都幫牠洗牙呢？（YES＝五分，NO＝二分）
6. 您一年幫牠定期驅蟲幾次？（一次＝三分，二次以上＝五分，一次以下＝二分）
7. 如果有一個陌生人無視您的狗狗的存在地和您談話的時候，您的狗狗會不會表現得很有禮貌呢？（會＝五分，不會＝三分）

8. 當您牽狗狗散步的時候，在放鬆繩子的狀況下，牠會不會乖乖的在您的左側而不會在您身邊竄來竄去呢？（會＝十分，不會＝三分）

9. 當您牽牠在人群中穿梭，您需不須要牽得很緊呢？（不要＝五分，要＝二分）

10. 當您牽狗狗在人群中穿梭時，您的狗狗會不會顯現出憤怒或是膽怯的樣子呢？（會＝二分，不會＝五分）

11. 牠會不會乖乖坐著讓任何一個陌生人拍拍牠呢？（會＝十分，不會＝四分）

12. 牠會不會在任何狀況下聽您的命令下坐下及趴下呢？（會＝十分，不會＝五分）

13. 牠會不會在您要求牠趴下或是坐下後，維持至少三分鐘不動呢？（會＝十分，不會＝五分）

14. 如果有兩個人各帶自己的狗狗在您旁邊聊天，您的狗狗會不會乖乖的坐著陪您而不是想去找那兩隻狗狗或是對著兩隻狗狗叫？（會＝十分，不會＝四分）

15. 當您的狗狗看到拿拐杖或是坐輪椅的人，牠會不會對牠們叫？或是對牠們不友善呢？（會＝二分，不會＝十分）

16. 如果您突然開門或關門或是在牠的背後突然丟下一本書，或是路邊突然有一個人在慢跑或是有人推著小菜籃車在牠的面前行走，或是在牠面前騎腳踏車或是溜輪鞋等等狀況發生時，牠是不是一樣處之泰然？絲毫不受影響？（是＝十分，不是＝四分）

17. 您的狗狗是否能夠和您分開至少十五分鐘而不會亂叫也不會吹狗嚼，也不會嗚咽的低鳴？（是＝十分，否＝四分）

總分一百二十五分，您和您的狗狗得幾分呢？最少要有一百分才及格，滿分一百二十五分才能得到美國ＡＫＣ（American Kennel Club）所頒發的「狗狗公民證」，如果您的分數不到一百分，您真的應該好好的想想了。

一隻有ＡＫＣ公民證的狗狗不只是一隻好狗，不但讓別人覺得您的狗狗好，也讓人覺得您是負責任的好主人，還可以減少反對動物的意見產生，養狗狗的朋友，想一想，您是好主人嗎？

您可能會面對到的問題及處理

◆咬手

在教狗狗的過程之中，有很多人都會碰到一個問題，就是咬主人的手腳，在解決這個問題之前，您一定要先想想，為什麼牠不咬其他的東西呢？想一想，您的手在牠

的心中的意義什麼？當您用DV或是V8將你和狗狗的互動拍攝下來以後，在播放時您將聲音MUTE掉，也就是只播放影像而不播放聲音，看看你的動作，狗狗會解讀成什麼？牠一直以為咬你的手這是個遊戲，不但如此，還是個好玩的遊戲，雖然您的心裡不這麼想，也雖然你的嘴巴可能正罵著牠，但是牠真的認為這是一個你喜歡的遊戲，就算你很兇狠的打牠或是罵牠，往往只會讓牠認定這是一個你喜歡的粗魯遊戲，雖然會讓牠的身體不舒服（因為可能被打），但是因為你喜歡，而且在這整個過程中，牠得到了主人的注意力，所以咬手的問題就不會斷了。

解決方法：如果您是使用Clicker Training，在牠咬手的時候停止所有的動作，在牠離開的一煞那間，按下Clicker，然後給牠食物，這樣子持續一兩週就可以了。而沒有使用clicker的主人，您可以運用食物，找一個牠愛吃的零食，將零食拿在手上，當狗狗靠近要吃的時候，用拿零食的手將狗狗的臉推開，然後同時說

OFF（或是「離開！」），在牠閃開的那一霎那間，將零食送到牠的嘴裡，這樣重複訓練的結果是，牠學會在聽到OFF的口令的時候，會把臉撇開，不去碰您手上的東西，這是您一直獎勵牠去做的，一段時間以後，牠就會學會OFF口令是把臉撇開。所以當牠要咬您的手的時候，您只要停下來說 OFF就可以了。

◆暴衝

有很多人都有這樣的問題，養的狗狗只要一出門，就一直衝，網路上已經給了一個名詞了，就是暴衝。您靜下來想一想，狗狗為什麼要衝撞呢？為什麼在家中不會衝撞，卻每次在外面就會衝撞呢？因為外面讓牠感到興奮，或是感到好奇，可是在家中為什麼不會覺得好奇或是興奮呢？因為您沒有作好社會化的工作，所以牠才會對外界的事物這麼好奇，這麼容易被激起。

如果您一開始養狗，就完全照著我的建議方法去做的話，你應該不會有這樣的問題，可是如果您是之後才接觸行為的話，您的狗狗可能已經喪失了最佳學習時機，也喪失了最佳社會化的時期，所以外出時就不聽指喚了。

所以你只能利用強化訓練的方式來解決這個問題，這並不是要你對牠兇，也不是要您拼命訓練牠，牠會受不了的。您只要拿出耐心來，外出散步時，先將牽繩綁在您自己的身上，右手拿一些零食，帶著牠出門，如果牠將繩子拉直了，您就停止不要再前進，運用教過的口令讓牠會來找您，要求牠坐下，然後給牠一個零食。然後在前進，只要牠一超過，您就要停止不走，並且要求牠回來坐下，如果您的狗狗感覺起來很難搞定，建議您找一個沒有干擾的地方，設定一個距離，比如說十公尺，只要牠沒有辦法乖乖的配合您的步伐，您就退回原點重新再來，記得一件事，不要轉身退回，而是倒退走的方式退回，有些狗狗很有力氣，所以當牠將繩子拉直的時候，您要站

穩，不然很容易摔倒，到時候反而要家人去醫院看你了。

這樣的方法應該在一個禮拜之內就得到效果，如果超過一個禮拜還是做不好，我建議您找專業的人協助處理，或是去上行為的課程。

◆亂咬傢俱

在幼年時期，有些狗狗會對你的傢俱產生很大的興趣，有很多人會將這樣的狀況視為分離焦慮症，那是不對的，狗狗不會在這麼小就產生分離焦慮症的，牠只是因為好奇而已，千萬不要想運用處罰的方式來解決，也就是說，您的心中沒有解決的方案，只有獎勵，您只要想一個方法來獎勵牠就可以了，比如說前面所講的OFF口令，看起來好像是制止，其實是獎勵，不是制止牠咬東西，而是獎勵牠不咬東西，在牠不咬的情況下得到食物，所以您如果可以把OFF口令教得很好的話，您就可以運用在這

裡了，記得，如果您的狗狗是在您面前咬，您可以運用這樣的口令，但是在下完口令之後，您一定要獎勵牠的放棄行為，這樣才能真正強化牠不咬東西的行為，另外，如果牠總是在你出門的時候才咬，您要反過來訓練牠喜歡咬東西，不是咬傢俱，而是咬玩具，狗狗會一直重複您獎勵的事件，所以您只要一直鼓勵牠咬玩具，牠根本不會想要咬傢俱，牠之所以會一直咬傢俱，除了無聊及好奇的因素以外，主要是因為您的注意力，回頭想想，您追著牠的時候，像不像您和牠之間的一個遊戲呢？

◆亂大小便

這部分就要請您先看書了，之前寫的書，包括《狗狗的異想世界》以及《別只給我一根骨頭》，您都需要仔細閱讀，而貓咪的主人們，請仔細閱讀《愛咪咪的異想世界》。在狗狗或是貓咪上完廁所以後，很多主人都會稱讚牠們，可是又得不到效果，

因為往往您所稱讚的世上完廁所以後來找您的行為，而不是在正確的地方上廁所而被鼓勵。

最好的方法是之前使用的訓練已經教懂狗狗貓咪什麼是好乖，然後在牠在上的同時，給予主人您的注意力，以及口頭上的獎勵就好了。事後才獎勵，會讓狗狗誤以為，只要上完廁所去找您，就會有零食可以吃，結果您訓練的世上完廁所來找你，而不是在正確的地方上廁所。

有一點是很重要的，不要因為牠已經在正確的地方上廁所就表示牠已經懂了，就算牠已經做對了好幾個月了，牠並不是真正學會了，您永遠要把牠當成三歲小孩來看待，永遠要鼓勵牠，就算牠真正學會了，您也要一直鼓勵下去，狗狗的行為要到兩年成熟，不要真的以為牠都會了，很多人就是因為如此，才會在牠的行為改變的時候，反過來問「我的狗狗變了！」，其實狗狗一直都沒變，牠只是順著主人的教法，在行

為成熟的過程中，逐漸讓你看到您教育的成果。無論是好是壞，牠都沒有變，一切都只是在反應您的行為而已。

◆不穩定

不穩定是很多人最不喜歡的行為之一，可是穩定的背後，除了良好的社會化以外，還要主人的配合，主人願意努力，好好的運用行為的基礎來教育牠的話，穩定是一件很簡單的事。

對於已經不穩定的狗狗，我想，您的狗狗多數是已經超過社會化的最佳時期了，這時候您就需要大量且正面的讓牠接觸外界，並且好好的訓練您的狗狗。有一個動作一定要常做，就是長時間的趴下，這在前面的家庭作業中有提到，這樣的訓練可以幫助動物穩定，其實最重要的還是在幼年期的訓練，或許您知道的太晚而來不及，但是

您還是可以繼續做，還是有很多幫助的，最好是配合去上課，並運用一些工具來輔助訓練，才能讓牠真正的穩定下來。

◆對人類或是同類不友善

在解決這個問題之前，先問您一個問題，您的狗狗會不會對著狗碗不友善呢？答案是不會的，為什麼呢？

當您問狗狗為什麼對陌生人不友善時，我會回過來問你為什麼？他為什麼不會對狗碗不友善，也不會對著自己的床不友善，也不會對著自己的籠子，或是鏈子，或是你的鞋子不友善，卻偏偏要對陌生人不友善呢？這些他很熟悉的事物，並不會讓牠害怕，所以不會對著這些東西不友善，他也知道這些東西是不會傷害他的，但是您所說的陌生人，對他是陌生的，這就是原因，想想您在飼養的過程

中，如果他每一餐都是由陌生人用手餵食，而一輩子都沒有接觸狗碗，那他可能會對狗碗所產生的聲音不友善，而會對陌生人搖尾巴！

他會如此不信任人，因為您沒有讓他從小就正面的接觸足夠多的人類，導致他在這一方面有嚴重社會化不足的問題，回頭想想如何讓他不怕狗碗、不怕籠子的，再如法炮製，這就是社會化的方法，您可以運用食物做引導，讓他慢慢接觸外人，讓他見到陌生人時，都得到獎勵，這樣假以時日，他就不再怕陌生人了。也就不會顯露出不友善的樣子了。

最重要的一點，當他看到陌生人並且已經開始吠叫時，請千千萬萬不要處罰或是責罵他，那只會讓他更害怕，不但問題解決不了，還會讓問題更難以解決，您只要叫他來，然後給他零食就好了。想一想，您自己要花多少時間去除您自己的害怕呢？不要對您的狗狗苛求太多，特別是連你都做不到的事。他需要比幼年時的社會化還要多

好幾倍的時間去完成不怕人的社會化工作。除了專業的輔助以外，愛心、耐心、及體諒是您最需要的。

◆吠叫

吠叫是牠們溝通的一種方式之一，但是當牠叫的時間不合你的意的時候，就變成一個問題，其實原本就是一個問題，只是您還沒有察覺。

我知道每天承受一隻狗狗過度的吠叫，會造成人的神經緊迫及精神分裂。難怪亂叫的狗狗總是惹得隔壁鄰居的抗議。

基因的遺傳是引起吠叫的一個很重要的原因，所以有某一些特定的品種最容易有過度吠叫的問題，但是不管是哪一種基因或是原因，如果你的狗狗有過度吠叫的問題，你要處理這種問題前就一定要先找出造成牠吠叫的原因。

在你不在的時候如果狗狗會亂叫，有幾個因素你要先去考慮：

(1)狗狗是不是被關在一個小的空間內？是不是被鍊子鍊住了？被限制了牠的活動嗎？

(2)牠是不是處於一個會有很多的人事物經過的地方？造成牠被這些事物刺激產生吠叫的問題呢？

(3)你每天有沒有給牠固定而且足夠的時間運動呢？對牠的注意夠不夠呢？如果對牠的注意不夠，狗狗也會感受得到的。

(4)你的狗狗在飲食及喝水方面是不是無缺呢？

(5)天氣突然變冷了以後你的狗狗能不能進到屋內取暖呢？

以上這些物理性的問題都解決以後，如果牠還是一樣的叫，您才能開始處理行為的部分，你想想看，一隻肚子餓的狗狗叫著想吃東西，卻被認為是一隻會亂叫的狗

狗，是不是很冤枉呢？

狗狗亂叫到最後會變成一種習慣，就像會亂咬趾甲一樣，大家要知道，狗狗像人一樣聰明，雖然牠不會說國語，也不會說台語，更別說英文了，可是一旦牠開始吠叫的時候，如果你對著牠吼罵，牠不但不會停止，還以為你也加入牠的吠叫狂歡會。你一定要了解你自己的動作或是行為，看在狗狗的眼裡是什麼樣子？大多數的主人都是在無意識的行為下鼓勵了狗吠叫的行為，狗狗的吠叫被主人給增強了。但是如果你的狗狗是分離焦慮症，我想你應該要先送牠去看醫生。對一隻有分離焦慮症的狗狗使用處罰來解決牠的吠叫，不但不能解決問題，反而會讓狗狗感到更不舒服更不安全，會把問題弄得更嚴重。

對於吠叫的問題，就是要先找出問題之所在，你比較有可能去處理牠的問題，還要多增加狗狗的運動，減少外界對狗狗的刺激，再加上最重要的是你的耐心，還有正

面行為的加強。要改正這樣一個自然的行為雖然是比較困難的，但是絕對是值得的。

如果您的狗狗有一絲絲的害怕表情出現的話，您絕對不可以用處罰的方式來處理行為問題。雖然我在別的書上曾經教過讓狗狗不要叫的方法，但是那是針對於馴化不良的狗狗，而不是會害怕的狗狗身上，更不是幼犬身上。對於有一絲絲害怕的狗狗，您想想，為什麼牠不對著牠的碗吠叫呢？因為碗是裝食物的，而牠帶著害怕表情的吠叫，通常代表著驅離的意義，因為牠會怕，所以牠用吠叫的方式，希望趕走牠害怕的事物，從行為的角度來看，牠幾乎都成功了，再加上主人您如果採用責罵的方式來處理，牠會因為您的責罵而更害怕，也會因為您的責罵而得到您的注意力，這反而增強了牠的吠叫行為，以致於問題越來越難處理。您只要叫牠來，無論牠來不來，您都不可以處罰或是責罵牠，您只要叫牠來，然後叫牠坐下，然後零食及口頭一起獎勵牠，在這個過程中，狗狗學會了在害怕的時候躲回您的身邊，不但如此，透過多次的操

作，牠還發現了一件事，當牠坐在您身旁的時候，牠得到了您的注意力，也得到了安全感，所以吠叫就漸漸得變得不必要了。

您一定要認同一件事，吠叫是所有行為中最難處裡的，不要期望牠永遠也不會叫，只要牠在出現害怕情緒而吠叫的時候，牠能在您叫牠的時候立即停止，然後回到您的身邊坐好，這樣就算訓練成功了，不要要求太多呦！

◆無法出門

這基本上不是問題，但是也是一個問題，如果您在牠小時候就開始做社會化的工作，這個問題是不可能出現的，會出現這個問題，就表示您沒有作好社會化的工作，怎麼辦呢？只有從頭來過吧！不過牠可能不能像正常的狗狗一樣，自在的外出，但是您還是可以看到您努力的結果。但是要注意的是，所有的接觸必須是良性的接觸，不

可以一下子讓牠接觸過大的刺激，因為這樣子是不能解決問題，而且只會讓問題更嚴重的。

◆恐懼聲音

當了狗狗的爸爸媽媽以後，就要懂得如何去觀察您的狗狗，看看牠是否有心理情緒上的問題，因為這對您的寶貝狗狗有莫大的意義，就算已經做了基本的服從訓練，但是並不是每個人都做到完美了，我不敢要求大家都會完美，說實在的也沒有完美的父母親的，但是您可以朝這個方向進步！

就算是基本的訓練已經學了，但是在生活上每天都還會發生不少的事件與狀況，這不一定是您所能掌控的，所以您就會面臨到一兩秒內的處理問題，處理得當就沒事，但是一旦行為處理有一點問題，下回就會發生一些些的小插曲。

很多的不當行為都源自於害怕，害怕不處理好就換轉變為恐懼，恐懼處理不好就會導致焦慮，雖然行為的東西並沒有這麼單純，但是您可以從簡化的說法中發現一些事件的根源，害怕本來是一種正常的行為，比如說第一次接觸到有腦性麻痺的小孩，第一次接觸到手持拐杖的老人，或是第一次接觸到大聲說話或是脾氣不好的人等等，這些的接觸本來就應該有害怕的行為產生，只是每一隻狗狗對於害怕的事件引發出的行為反應是不一樣的。害怕是可以適應的，它是可以慢慢調整及適應的問題，如果你發覺動物有害怕的表情或是反應時，您會如何處理呢？

一個不當的處理，就會讓害怕過了度，產生所謂的恐懼（phobia），怎麼去區分兩者的不同呢？我最常做的就是用「火」來做試驗，舉個簡單的例子，當火燒房子的時候，大家竄逃，這是因為害怕，怕被燒到、怕被燒死。但是如果我用打火機把火點著，會竄逃的就是已經有恐懼的行為反應了。要知道恐懼是需要配合藥物治療的，在

人常會有災後的恐懼症候群的問題，這些都需要配合藥物及心理諮商來解決，而不是去收驚！

如果把火換成一根棍子，您的狗狗是否有害怕或是恐懼的樣子呢？如果再把棍子換成是戴醫生時，他們的反應呢？再把戴醫生換成任何在生活上的物件的時候，狗狗又會如何呢？

狗狗的害怕表情，比如說瞳孔散大、面部表情僵硬、毛髮豎立、行動力減緩、裹足不前、肌肉顫抖、心跳及呼吸速度都會上升，輕微的是不容易發覺的，但是嚴重的是很容易看出來的。您要學會在牠還很輕微的時候就要發現，不要等到狗狗已經怕到在發抖了，您才發覺狗狗在害怕！

對於幼犬第一次出現害怕情緒時，不要去抱牠，那只會加重牠的害怕，溫和的告訴牠沒事，最好再給牠一個零食，無論牠吃還是不吃都沒有關係，這樣子牠會慢慢的

適應。

對於社會化不足的狗狗貓貓，往往會因為一個雷聲或是摔破玻璃的聲音，或是甩門的聲音，就足以讓牠躲到床底下抖個不停，您不要把牠拖出來，那會讓牠嚇破膽，甚至於咬你一口，用食物引導牠，如果出來了就給牠一個零食，但是如果牠還是不肯出來就算了。

對於已經產生對聲音的恐懼的狗狗，建議的方式如下：

先找出牠害怕的聲音有哪幾種，有些狗只有一兩種，有些則是什麼聲音都怕，如果只有一兩種的比較簡單，您可以將聲音路下來，在給牠吃正餐的時候放給牠聽，音量的大小要適中，讓牠有一點猶豫但是仍然敢去吃的音量，每天維持這個音量，直到牠完全適應為止，然後在慢慢調大一點點，也只能夠調整到帶著一點點猶豫，但是仍然會去吃自己的正餐的程度，等適應了再調大聲。

對於社會化不足的狗狗，或是已經有嚴重對聲音恐懼的行為的狗狗貓貓，您就需要去買噪音的錄音帶，然後將這類的錄音帶放在牠吃飯的地方，反覆的播放，音量大小的調整和前面所說得方法是一樣的，一捲帶子如果不夠，在多買幾捲，如果有買不到的聲音，您可以自己去錄製，帶著錄音機或是錄音比去收音錄製，然後再回來播放給狗狗貓貓聽，一直到牠能適應為止。記得，先決條件是您的狗狗必須很愛吃，如果您的狗狗有焦慮的問題而不愛吃，您應該先就醫檢查並給藥治療。

◆暈車

有很多人都有暈車的經驗，暈車在醫學上稱為動暈症（Motion Sickness），當您的身體一直在動，而您的腦部卻認為你是靜止的時候，動暈症就產生了，所以在坐車的時候看書是最容易引起暈車的，而動物也是一樣，牠們並不懂車子，所以總以為是

靜止的，但是實際上卻是一直在動，所以就會產生動暈症，避免的方法很簡單，從小讓牠逐漸適應車子，方法已經血在之前的書裡了，請您翻一翻。

有很多人在狗狗小的時候，從不以為帶狗狗出門是需要訓練的，所以就直接帶牠上車出門，直到牠暈車了才尋求解決方法。最好的方法就是從小訓練牠們坐車。

而還有一種狀況，主人們總是認定狗狗貓貓是暈車，所以一直到醫院拿暈車藥給狗狗或是貓咪吃，結果老是沒有效，有的人還認為暈車樂要是無效的，其實，臨床上我們反而發現有很多的狗狗貓貓不是暈車的問題，而是焦慮的問題，所以暈車藥是沒有用的，不要認為症狀一樣就一定是同一個問題。

焦慮之所以會發生，和牠幼年時期的教育有百分之一百的直接關係，如果您在養狗之前就開始閱讀這本書，且有機會照著做去教育您的狗狗或是貓咪，您永遠也不會面對倒這樣的狀況，但是如果您失去了最佳的生活訓練時機，喪失了最加社會化的時

機，牠很容易會有焦慮的問題。所以出門以後，在車上老是靜不下來，一直看著外面，在車內竄來竄去，而您是如何去面對這樣的狀況呢？罵牠？打牠？結果呢？問題解決了沒有？答案當然是沒有，因為您的做法會一直加重牠的焦慮狀態，害了動物也苦了你自己。

您應該回頭重新將社會化以及服從訓練作好，如果需要的話，甚至於配合藥物的治療，永遠記得，狗狗貓貓的行為，只是反應出您的行為而已。

勉勵的話：

整個訓練，不是要將牠教成一隻軍犬或是導盲犬，而是要讓牠順利的進入家庭，讓牠自在的生活，不要喪失了這個最重要的意義。希望你們兩方都快樂。

提醒您，訓練狗狗不是用來表演的，勿將狗狗訓練成您賺錢的工具。

最後，請您跟著我一起唸：

我——

從今天起——

再也不——

打狗。

請記得您的誓言！

「我——從今天起——再也不——打狗。」

大敦寵物醫療中心

附錄：CPR 1

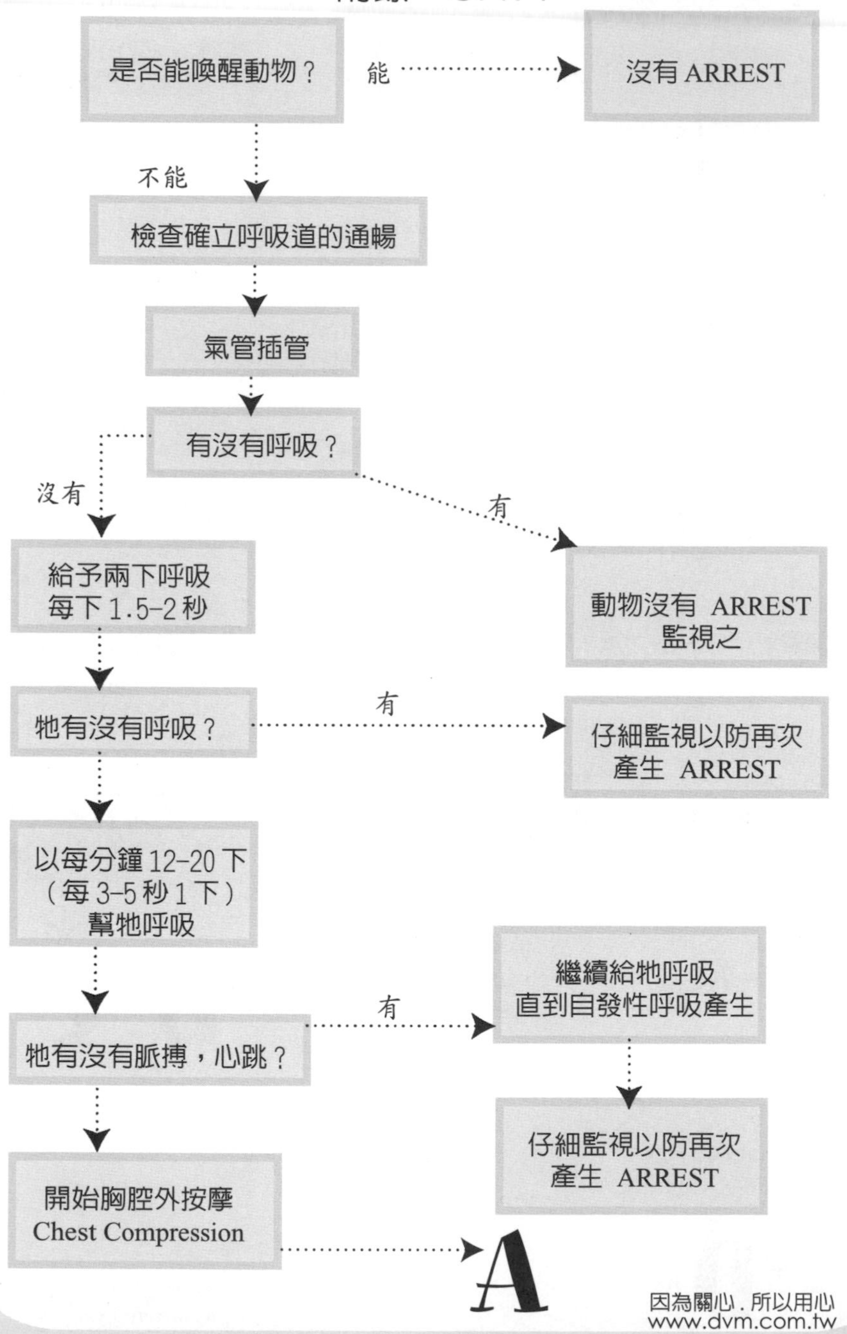

是否能喚醒動物？
能
沒有 ARREST
不能
檢查確立呼吸道的通暢
氣管插管
有沒有呼吸？
沒有
有
給予兩下呼吸
每下 1.5-2 秒
動物沒有 ARREST
監視之
牠有沒有呼吸？
有
仔細監視以防再次
產生 ARREST
以每分鐘 12-20 下
（每 3-5 秒 1 下）
幫牠呼吸
牠有沒有脈搏，心跳？
有
繼續給牠呼吸
直到自發性呼吸產生
仔細監視以防再次
產生 ARREST
開始胸腔外按摩
Chest Compression
A

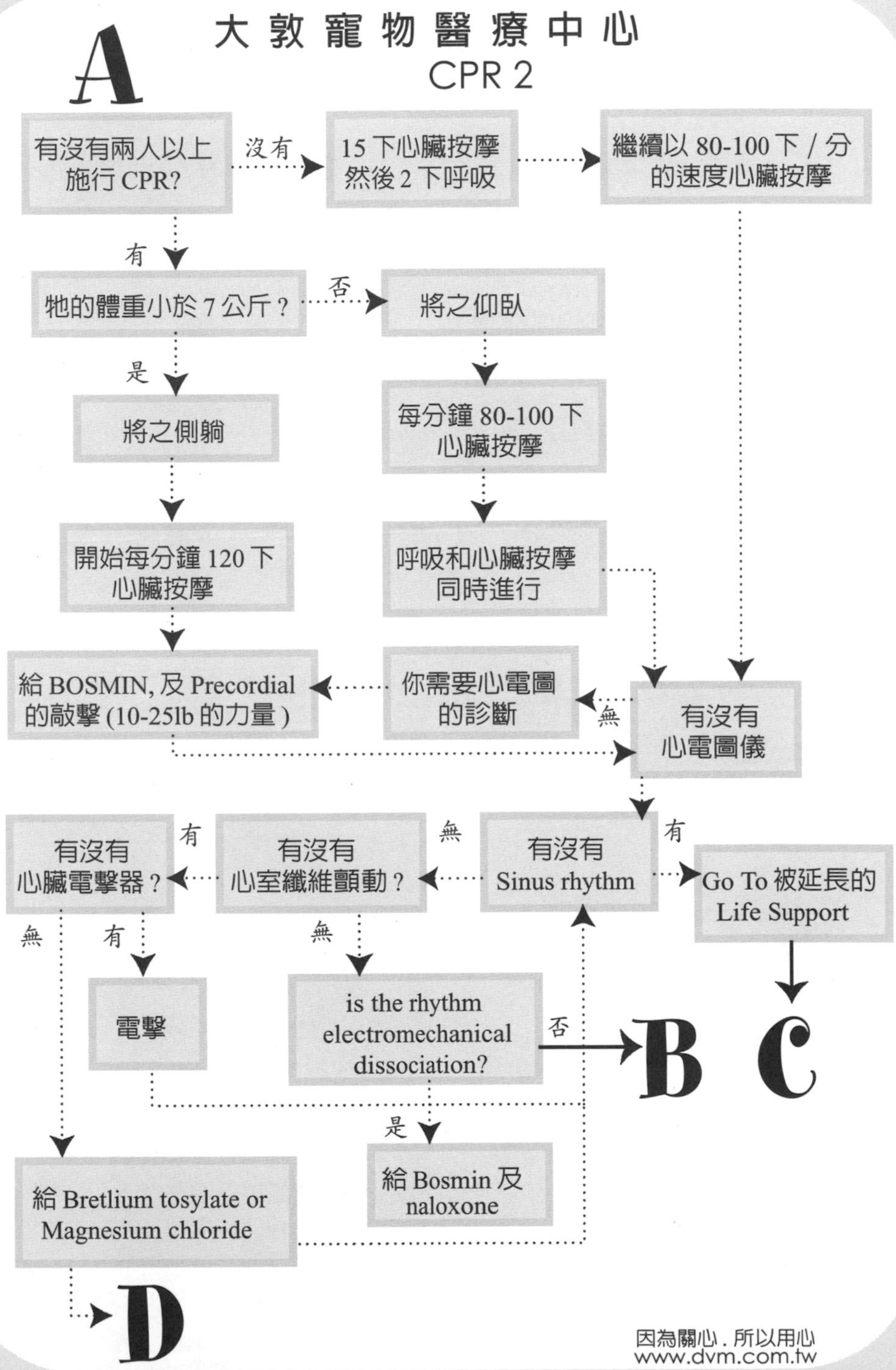

大敦寵物醫療中心
CPR 2
A
有沒有兩人以上施行 CPR?
沒有
15 下心臟按摩然後 2 下呼吸
繼續以 80-100 下 / 分的速度心臟按摩
有
牠的體重小於 7 公斤？
否
將之仰臥
是
將之側躺
每分鐘 80-100 下心臟按摩
開始每分鐘 120 下心臟按摩
呼吸和心臟按摩同時進行
給 BOSMIN, 及 Precordial 的敲擊 (10-25lb 的力量)
你需要心電圖的診斷
無
有沒有心電圖儀
有沒有心臟電擊器？
有
有沒有心室纖維顫動？
無
有沒有 Sinus rhythm
有
Go To 被延長的 Life Support
無
有
無
電擊
is the rhythm electromechanical dissociation?
否
B
C
是
給 Bosmin 及 naloxone
給 Bretlium tosylate or Magnesium chloride
D
因為關心 . 所以用心
www.dvm.com.tw

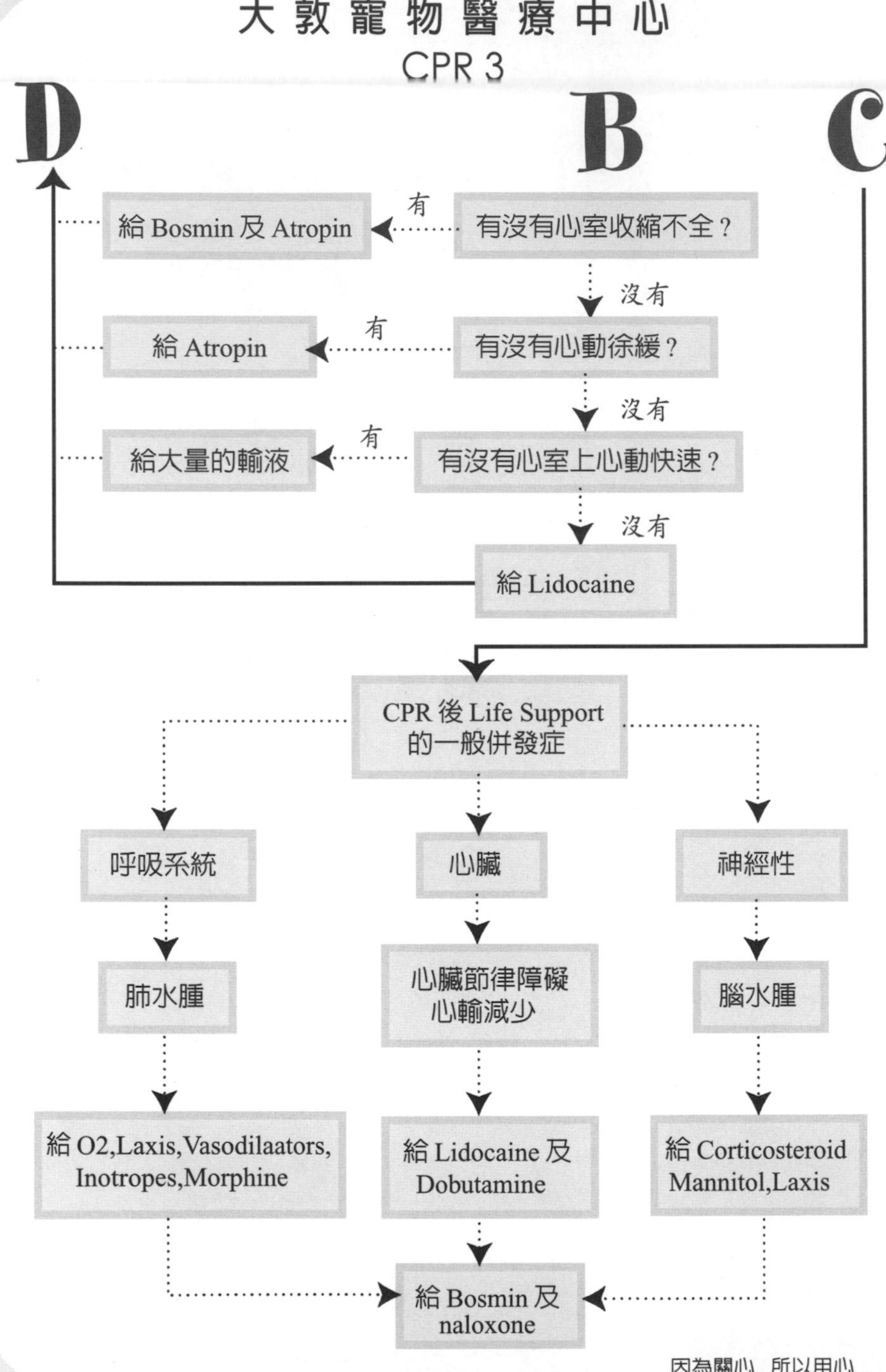
大敦寵物醫療中心
CPR 3
D
B
C
有沒有心室收縮不全？
有
給 Bosmin 及 Atropin
沒有
有沒有心動徐緩？
有
給 Atropin
沒有
有沒有心室上心動快速？
有
給大量的輸液
沒有
給 Lidocaine
CPR 後 Life Support
的一般併發症
呼吸系統
心臟
神經性
肺水腫
心臟節律障礙
心輸減少
腦水腫
給 O2,Laxis,Vasodilaators,
Inotropes,Morphine
給 Lidocaine 及
Dobutamine
給 Corticosteroid
Mannitol,Laxis
給 Bosmin 及
naloxone
因為關心．所以用心
www.dvm.com.tw

狗狗的十三種攻擊行為

您知道為什麼牠們會咬人或者攻擊人嗎？這裡將先為您介紹十三種狗狗攻擊行為中的一種——maternalggerssion（母親的攻擊行為），更多的內容就要見新書囉！

「什麼」一隻會咬人的狗？（暫定名）

這是一本教導動物咬人的書，人類不要看！

先自我介紹一下好了，我叫什麼？沒錯，就是「什麼」，英文叫「what」，我是一隻在人類世界中見識廣闊的狗，雖然我日子過得不錯，但總是覺得生活中老是少了些什麼？就像時下女性人類的衣櫥總是少一件衣服的感覺，所以我總是想做點什麼有意義的事，左思右想，我找到了一條路，就是寫寫書，把我

所學的知識傳授給各位親愛的朋友！

我不知道你們在人類的世界中是怎麼過的，但是你總是要學習，而我的經驗及知識就是您學習的最好對象，因為，我要在這本書教你們如何在人類的社會中求生存，不是一般的生存，而是在最艱難的狀況下，如何使用你們嘴裡的牙齒，狠狠地對準人類的身體器官，用力的咬下去，並發揮你與生俱來的本能，達到安居樂業的境界！

你知道要達到像我這樣的境界是不容易的，不但安居樂業，還有時間研究提升各位的福祉，人類有一句話我覺得蠻有道理的，就是「沒吃過豬肉，也該看過豬走路」，雖然是這樣說，但是我總是在吃豬肉，卻不曾看過豬走路，這實在是件有點遺憾的事。不過還是可以代表我閱歷深厚的意義，這也是我將貢獻我能力的地方，多年以來，我們狗類一直都存在於強勢，如果做起户口普查的話，我想我們已不算是少數民族了，最起碼我們沒有種族歧

視，我們是四海一家，語言是全世界共通，絕對沒有統獨的問題，這是值得欣慰的。

但是在我的研究及觀察中，我發現多數的朋友的日子並不好過，可能是因為我們的族群太過龐大又太過分散的緣故，還有就是不懂得和人類溝通，人類在溝通上和我們比起來可是遜太多了，所以我們要想辦法加強溝通能力，要想辦法和你身邊的人類好好溝通，不要怪人類沒有用，要怪自己找不到方法，不過從此以後，您不必再擔心了，因為接下來我將要教您如何和人類溝通，不是一般的溝通，而是在溝通無效時的緊急處理方式，就像是人類常常做的CPR心肺復甦術一樣，可以緊急的救回一命，但是我也必須說明一點，也是會有無效死亡的情況發生，這點你們必須要先有認知！

好了，現在我們就拿有名的幾個案例來談談與人類相處的緊急應變方法及教戰守則！這些案例是透過網際網路以及口耳相傳的方式記錄下來的，有的你

可能已經知道了，有些可能還沒有傳到你那裡，不過無論你知不知道都無所謂，好好的研讀以下的案例你就可以從失敗中記取教訓，從成功之中學得經驗，現在就讓我什麼帶著你來看看新生活法則吧！

您應該聽說過名女狗雪莉吧！或許你並不知道她的事績，她以前就住在台北的某個別墅，她造就了不少小孩，或許你還是她的後代的後代的後代……

不過你不知道，因為你的血統書所記載的五代內容可能和多數人都有雷同的地方，可是呢——不要緊，重要的是，她是個我們狗族生產的大機器，在她生產後，人類就會想辦法偷她的小孩，你們可以活到今天，多數是她保護下來的結果，怎麼說呢？人類都會在她有了小孩以後，常常要去拿她的小孩，雖然我不是親眼所見，但是雪莉總不會騙大家吧！不但是小孩，有時後連她的東西也會搶走，我要強調的是搶奪，不是偷竊，因為他們都是在我們面前拿走的，這不是搶是什麼呢？

我一向沒有這樣的感覺，但是懷孕的雪莉就有很深的體認，所以她教各位一個重要的方法，多多注意你自己的東西和小孩，如果有人要動，先觀察，因為他們可能不是要搶，而只是不小心碰到而已，不要一看到人類碰到你的東西就生氣，最起碼在這種狀況下要先看看，如果他們真的把你的東西拿走了，跑上去咬他，把東西搶回來，不然你的東西會越來越少，如果他們拿的是你的小孩，更要去搶回來，不然我們狗族就要短少一個成員了！如果您是夠狠夠嗆的妞，再教你一招，寧可吃了自己的孩子，也不要給人類搶走，誰曉得人類會搶去做什麼！

不一定要真的生出小孩時才這樣，只要妳自己覺得懷孕的時後，就算是懷一個空炮彈也一樣，妳可能會有一點焦慮，不過沒有關係，只要有人想拿走妳的東西時，妳就要狠狠的衝上前去咬，只有這樣才能保住你的東西！

所以我給各位一個簡短的教戰守則：

【守則一】

有懷孕的感覺或是確定有懷孕的時後，好好保護自己的東西，盯緊自己的東西，只要人類拿起來要帶走時，那就是搶奪，你就要衝上去「咬」人類，再把東西搶回來顧好！

【守則二】

在上述的狀況發生時，記好，即使你的東西散到各處，但是只要在你的眼見範圍內，都是不可拿走的，只要誰敢來搶，就咬他！

【守則三】

生完小狗狗之後的狀況一直要到小狗狗稍微獨立一點時，狀況才可以解除！

以上守則只有女性適用，男性不適用！

COME
Good girl
Good Boy!

戴更基寵物行為館系列讀者回函

很感謝您對高富國際文化股份有限公司的支持，
我們將針對您提供的寶貴意見改進，讓本系列更臻完美。

・購買書名：貓狗大戰——寵物行為四週集訓

・姓名：____________________

・性別：□男　□女　　・年齡：________

・住址：____________________

・職業：□學生　□公務員　□服務業　□製造業
□家庭主婦　□金融業　□其他 __________

・從何處得知本書：1.□逛書店　2.□報紙廣告　3.□雜誌廣告
4.□親友介紹　5.□廣播節目　6.□書訊
7.□廣告信函　8.□其他 __________

・購買動機：□內容　□作者　□探討主題　□封面
□其他 __________

・請在□中 v 選你的意見

	相當滿意	普普通通	勉強通過	差強人意
*內容題材	□	□	□	□
*封面封底	□	□	□	□
*文字編排	□	□	□	□
*美美插圖	□	□	□	□
*印刷裝訂	□	□	□	□

・希望戴更基寵物行為館系列探討何種主題？

____

台 北 市 內 湖 區 新 明 路 174 巷 15 號 10 樓

高富國際文化股份有限公司　　收

戴更基寵物行為館 04

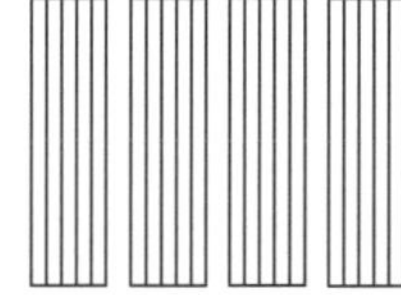

貓狗大戰——寵物行為四週集訓

高寶國際集團　品質保證

GOBOOKS
& SITAK
GROUP©

GOBOOKS
& SITAK
GROUP©